耕地生态补偿及空间效益转移研究

马爱慧 著

科学出版社

北京

内 容 简 介

本书在评述国内外生态补偿机制理论研究的基础上，遵循将经济活动所产生的外部性内部化的原则，运用福利经济学、资源环境经济学和生态经济学等理论，依据土地资源配置最优和解决外部性的方案，寻求生态补偿理论的支持，从社会公平和效率、利益主体福利均衡的角度，提出了构建耕地生态补偿机制的思路。与此同时，研究试图对耕地生态补偿制度的核心问题——耕地生态补偿的额度进行量化，为构建耕地生态补偿制度和国家确定合理补偿标准提供参考依据。

本书适合土地资源管理专业、资源环境专业研究生及其相关领域的研究人员阅读学习。

图书在版编目(CIP)数据

耕地生态补偿及空间效益转移研究 / 马爱慧著.—北京：科学出版社，2015.3
ISBN 978-7-03-043676-4

Ⅰ.①耕… Ⅱ.①马 Ⅲ.①耕地–生态环境–补偿机制–研究–中国 Ⅳ.①S181

中国版本图书馆 CIP 数据核字 (2015) 第 048004 号

责任编辑：莫永国 / 责任校对：李 娟
责任印制：余少力 / 封面设计：墨创文化

科 学 出 版 社 出版
北京东黄城根北街16号
邮政编码：100717
http://www.sciencep.com

成都创新包装印刷厂印刷
科学出版社发行 各地新华书店经销

*

2015 年 3 月第 一 版 开本：787×1092 1/16
2015 年 3 月第一次印刷 印张：9 3/4
字数：200 千字
定价：59.00 元

前　言

伴随着工业化发展和城市化进程加快，耕地资源受到前所未有的严峻挑战，虽然国家动用了所有可能的政治、法律、技术等诸多手段，制定了世界上最严格的耕地保护政策来遏制经济发展中耕地数量减少和质量下降的危机，但是耕地资源保护并没有取得令人满意的效果，18亿亩耕地红线岌岌可危，我们不得不思考现行耕地保护政策存在哪些问题，我们到底该如何来保护我们的生命线？承载国家粮食安全和生态安全职能的耕地资源实质是一种公共产品，耕地资源公共产品属性使得耕地边际私人收益与边际社会收益相偏离，致使耕地保护中不同利益主体的行为趋向及利益诉求偏向私人决策最优，没有任何私人利益主体愿意主动承担保护责任，但现实社会中强制性的行政命令使农民个人和个别地方政府承担了耕地保护的大部分成本，造成社会的不公和利益非均衡性。

对保护者如何采用市场和政府相结合的福利补偿及转移政策，安排合理的补偿额度，构建生态补偿机制，并制定与此相应的具有保护效益的制度安排和公共政策值得我们探索与研究。

本书在评述国内外生态补偿机制理论研究的基础上，遵循将经济活动所产生的外部性内部化的原则，运用福利经济学、资源环境经济学和生态经济学等理论，依据土地资源配置最优和解决外部性的方案，寻求生态补偿理论的支持，从社会公平和效率、利益主体福利均衡的角度，提出了构建耕地生态补偿机制的思路。与此同时，研究试图对耕地生态补偿制度的核心问题——耕地生态补偿的额度进行量化，为构建耕地生态补偿制度和国家确定合理补偿标准提供参考依据。

本书依据耕地资源保护的相关利益群体博弈，把耕地生态补偿分为区域内部耕地生态补偿和宏观跨区域耕地生态补偿，以此分担农民个人和地方政府所承担的耕地保护大部分成本。在此基础上，研究阐述了条件价值法（CVM）和选择实验法（CE）的基本原理、基本步骤及方法，并以武汉市远城区和中心城区为例，尝试运用CVM和CE两种方法对耕地资源生态补偿额度进行了定量研究。通过问卷设计、入户调查方式分别获取两种方法所需的一手数据资料，取得武汉市市民和农民耕地资源保护响应意愿，借助经济方法和统计工具，科学评估区域内部耕地生态补偿额度。在解决跨区域耕地生态补偿时，通过效益转移获取该区域的支付意愿与受偿意愿，依据区域内部供给者和消费者之间的意愿响应，确定区域生态服务产品赤字与盈余。当然生态补偿作为一种经济激励的人为干预政策，在具体操作时不能仅仅依靠理论计算标准和数据，同时需要考虑当地的经济水平与其生态需求。

保护补偿机制已受到国家和政府决策者的高度重视，目前推行国家粮食补贴和部分城市耕地保护基金的试点。补偿虽然在一定程度上调动了农户保护的积极性和主动性，但补偿的标准缺乏依据，补偿理论及补偿意义没有得到诠释，补偿仅仅是耕地价格的标识，没有认识到耕地生态服务价值及没有起到激励耕地生态服务产品的有效供给，希望通过耕地生态补偿研究能为耕地保护基金在全国进一步推广提供理论支撑，使耕地资源保护与管理决策更具有科学性和实践操作性。

希望本书在相关领域的研究中能增加一点贡献，并在我国耕地生态补偿研究与实践中能产生一点帮助。由于作者水平有限，尽管在本书的写作过程中，作者倾注了大量的时间和精力，但肯定存在许多不足之处，恳请各位同仁和读者给予批评指正，以便在将来的工作中予以改进。

作者

2014 年 12 月

目　　录

第1章 绪 论

1.1 研究背景

马克思曾说："土地是一切生产的源泉"。特别是与人类密切相关的耕地资源在人类的生产和生活中发挥着重要作用。耕地是整个生态系统中一个重要的人工生态系统，能满足人类需求的各种目标，其除了具有粮食、蔬菜、水果等农产品的生产功能外，还具有净化空气、涵养水源、调节气候、防止水土流失、维护生物多样性、提供开敞空间及休闲娱乐等诸多的生态功能，以及具有保障国家粮食安全、维护社会稳定等社会功能。Gardner(1977)认为保护农业生产用地可以产生四大益处：地方和国家粮食安全保障、农民就业保障、城市和乡村土地的高效利用、农村天然生境的维护(Lynch，2001)。因此，耕地资源是人类赖以生存和发展的基础，是关系到一个国家经济安全、生态安全和社会稳定的基石。

但伴随着人口的急剧增加和经济的快速发展，人类对土地资源利用的深度和广度日渐增强，快速发展的工业化和城镇化导致农业生产资源不断流入非农业部门，农地资源非农化需求旺盛，耕地资源对国家经济安全和生态安全的保障功能受到了严峻挑战。

1.1.1 耕地资源数量逐年减少

经济高速发展和工业化，激发建设需求量的日趋增加，农业用地流转的概率进一步增强。中国大量乡镇企业、工厂的兴起，开发区的不断建立和扩张，大都是以牺牲耕地资源为代价和前提的(李效顺等，2009)。2010年年末，我国城镇化率达到46.6%。从中国城市化发展趋势看，今后20年每年将有1200多万农村人口需要转移到城镇地区(诸培新和曲福田，2009)。城市人口的增加，必然导致城镇面积不断扩张，农地流转规模不断加大。农地流转必然会占用大量优质耕地，耕地一旦大量被开发成城市建设用地，农业生产的基本要素——耕作层土壤将不复存在。由于耕地不可逆转或难以恢复到原来的土地性状，农地不断流转将导致耕地生态功能的不断丧失和产生生态经济问题。与此同时，耕地的比较经济利益低下，保护型耕地经济价值较小，非市场价值(如提供环境舒适价值、生物多样性维护及公众健康等价值)较高，而工业用地、居住用地的经济效益较高，造成耕地的机会成本很高。经济效益的差异化促使农地流转成为建设用地的情形加剧，最终导致耕地资源不断减少，威胁国家粮食安全，造成巨大的社会和生态效益的损失。据统计，全国有666个县人均耕地低于联合国粮农组织确定的人均530m²的警戒线，其中有463个县人均耕地不足330m²(陈建成和刘进宝，2008)。

如图1-1所示，2008年全国耕地面积已减至12171.6万hm²，比2007年度净减少了1.92万hm²(28.8万亩)，这意味着我国目前人均耕地只有1.375亩，仅为世界人均耕地平均水平的 40% 左右。根据国土资源部《2008 年中国国土资源公报》显示，2008 年全国建设占用耕地 287.4 万亩，灾毁耕地 37.2 万 hm²，生态退耕 11.4 万亩，农业结构调整减少耕地 37.4 万亩，以上四项共减少耕地 373.4 万 hm²，可以计算出建设用地占用耕地数量是耕地减少量的 77%。由表 1-1 可知 1998～2008 年耕地减少的途径有四个：①建设占用。主要是国家基础设施建设、集体基础设施建设、城市的扩张和农民建房占用的耕地。耕地一旦被开发成城市建设用地，农业生产的基本要素——耕作层土壤不复存在，而且其具有不可逆转性，对粮食安全和生态环境构成威胁。②由于农业内部结构调整，如改造成园地、草地、鱼塘等。这部分结构调整的土地不会构成生态威胁，但经济利益的追逐，国家粮食安全将会受到极大影响。③生态退耕。一般是退还不适宜耕作的耕地。从 1998 年开始占有较大的比重，2007 年所占比重大幅度下降，以后比重将越来越少，全国不宜耕种的耕地基本都退出，如果以后退耕数量又大幅度增加，说明耕地保护中出现问题。生态退耕有助于改善区域的生态环境，应积极鼓励。④灾毁耕地。1998 年和 1999 年的灾毁耕地占有较大比例，1998 年占耕地减少面积的 28%，但灾害致使耕地面积减少案例具有不确定性和发生具有不宜控制性。因此，通过分析可知控制耕地数量减少，主要是控制建设用地的占用。

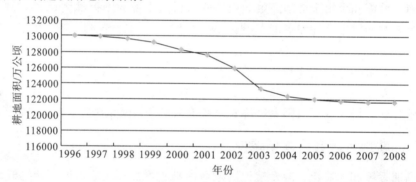

图 1-1　中国历年耕地面积

数据来源：中华人民共和国国土资源部，2008 年中国国土资源公报。

表 1-1　我国 1998～2008 年耕地增减变动情况统计　　　　（单位：万公顷）

年份	减少的耕地面积	建设占用	灾毁耕地	生态退耕	农业结构调整
1998	57.041	17.619	15.952	16.461	7.009
1999	84.168	20.526	13.468	39.461	10.712
2000	156.604	16.326	6.174	76.282	57.822
2001	89.327	16.365	3.058	59.069	10.835
2002	202.741	19.650	5.640	142.550	34.900
2003	288.090	22.910	5.040	223.730	36.410
2004	114.600	14.510	6.330	73.290	20.470
2005	59.490	13.870	5.350	39.040	1.230
2006	58.280	16.733	3.587	33.940	4.020
2007	23.650	18.830	1.790	2.540	0.490
2008	24.893	19.160	2.480	0.760	2.493

资料来源：根据国土资源部各年国土资源公报整理。

1.1.2　耕地资源质量不断下降

目前，耕地生态系统的脆弱性和土地退化的可能性表现得日益明显。违背生态规律的土地过度开发利用行为，必然造成耕地生态环境失调、水土流失和土地沙化现象出现。近 50 年来，中国因水土流失损失耕地 5000 多万亩，平均每年损失耕地高达 100 万亩[①]，水土流失可以导致土壤肥力下降、耕作层变薄；耕地荒漠化也日趋严重，目前耕地荒漠化面积已到达 1000 万公顷，约占耕地总面积 10% 左右（奚洁人，2007）。耕地质量下降是隐性的，不易被人们所察觉。为了追求短期较低经济利益，农药、化肥的过度使用，导致地下水污染产生，土壤的重金属化、农药等有毒有害物质的残留问题，对人类的健康产生负面的危害。据相关部门统计，目前每年大约有 20 多万吨农药、1700 多万吨化肥投入农田，造成多方面污染（于伟，2001）。杀虫剂的依赖导致特定物种通过基因进化，产生杀虫剂的抗体，致使害虫再次出现，其控制成本将会提高。畜牧业生产加剧导致土壤侵蚀和生物多样性丧失。中国的粮食单产比美国高，但化肥的使用占了全世界的 1/3，农村的生产和收获主要是靠高投入，特别是水的投入，靠高投入换来高产出率给环境带来很大影响（董祚继，2009）。诸如此类消极的影响为我们敲响警钟，生态安全及粮食安全等问题的凸现，对我国"保经济增长、保耕地红线"双保压力造成了一定的负面影响。中国耕地质量等级调查与评定成果显示我国耕地质量等别总体情况偏低，优等地、高等地、中等地、低等地面积分别占全国耕地评定总面积的比例为 2.67%、29.98%、50.64%、16.71%[②]。我国可耕农地面积中 3/4 的耕地有机质含量仅有 1% 左右，全国将近有 10 亿亩耕地缺磷，3 亿亩耕地缺钾，51% 左右的耕地缺乏灌溉条件。总体来说，我国后备耕地资源数量不足，整体质量欠佳（钱忠好，2003）。可见，我国耕地资源不仅数量相对不足，而且质量也相对较低，制约着我国农业的综合生产能力。

1.1.3　耕地生态环境不容乐观

我国生态环境现状不容乐观。现阶段我国农用地利用过程中，现代生产要素——化肥、农药、农膜、地膜所占比例越来越大，逐步取代传统日益昂贵的人力、畜力等生产要素。化肥、农药的施用量在生产过程中居高不下，施用结构不合理，而且利用的效率较低。单位面积的耕地化肥施用量呈稳步上升趋势，1991 年全国农用地化肥施用量达到 2805.1 万吨，2008 年化肥施用量达到 5239.2 万吨，单位农作物播种面积平均施用量达到 335kg/hm^2，而国际公认的化肥施用安全上限为 225kg/hm^2。此外，农药的施用量也呈增长的趋势，同样存在着结构不合理的现象。1991 年我国农药施用量 76.5 万吨，2008 年施用量达到 167.2 万吨，而利用率不到 30%，农药通过气体等媒介释放，对环境和人体健康产生了诸多的负面影响。据估计，所施用的农药中约小于 1% 部分能直接作用于病害源，其余部分则进入环境（侯小凤和陈维琪，2004）。

在农膜、地膜使用过程中，由于公众对可降解农膜、地膜益处认知不够及其价格相

[①] 中国平均每年损失 100 万亩耕地水土流失知多少？http：//www.china.com.cn/environment/2009-03/23/content_17487594.htm。

[②] 中华人民共和国国土资源部《中国耕地质量等级调查与评定》http：//www.cnr.cn/allnews/200912/t20091225_505806076.html2009-12-25 07：01。

对较高，增加农地利用过程的成本，因此人们对可降解农膜、地膜的使用率较低。显然，化肥、农药、地膜、农膜的不合理利用会导致土壤污染、水体污染，降低农地质量和地力。农药污染、化肥的污染和地膜、农膜污染都为农业的非点源污染，具有分布范围广、潜伏周期长、影响深远、危害大等多种特点。农用地是土地资源中的精华，化学农药滥用、误用和不合理使用对该区域经济和周边环境的影响不容忽视。

农业利用过程中不合理的利用，人为滥用各种资源，可能造成栖息地的环境改变、生态环境破碎，直接影响到生物多样性。生物多样性的降低和某些种类生物量的减少，最终将导致生态系统的稳定性下降，不同程度地破坏生态平衡。

生态环境不仅为人类提供所需要的食品、能源等基本生活资料，更重要的是维持了人类生存的生命支持系统。人类社会的发展在不断改造自然的同时也在不断的掠夺着大自然，人类的生产活动不断向自然界排放各种废弃物使生存环境质量日益恶化，而现行的各种经济活动并没有考虑经济活动所产生的负面效应。对自然过度索取，造成土地沙化、沙尘暴频发、草场退化、河流污染、空气质量污染、植被破坏等，在生态环境脆弱的地区，生态恢复较难。生态环境破坏到一定程度，社会生态系统的服务功能失调，不能产生自我调节能力。生态系统的调节包括对气候、水分、气体、病虫害等，调节功能下降可能会出现旱涝灾害、沙尘暴频繁等多项地质灾害。近几年来，我国大部分地方的气温起伏不定，南方的雨水、北方的干旱、地震、泥石流等灾害频繁发生，造成了重大损失，生产和生存条件遭到威胁。这严重影响了地方经济发展，进一步加剧了贫困，因贫困而无力改变环境现状，可能还会大肆掠夺资源获得一时的富足，势必造成整个生态系统的生态服务功能进一步下降，产生不断的恶性循环。因此，无论是在发达国家，还是在发展中国家，生态环境问题都已成为制约经济和社会发展的重大问题之一。

1.2　问题提出

耕地资源的过度减少必然影响粮食总产量，而粮食又是人类生存的基础，因此耕地资源是国家粮食安全基础。世界著名环境与可持续发展问题研究专家 Brown 提出"谁能供得起中国所需的粮食"，发出"谁来养活中国"的惊呼，引起对粮食安全和保护政策的广泛关注。

保护耕地就是保护我们的生命线。国家规定了两根"红线"：一是全国的耕地面积必须保持在 18 亿亩的"红线"；二是全国的基本农田达到 16 亿亩的"红线"。18 亿亩是一个约束性的指标，是不可逾越的"红线"，但现在耕地资源 18.257 亿亩离"红线"越来越近。针对耕地资源所凸现的安全问题和重要性，中国对耕地资源保护出台一系列的政策，其中包括：耕地转用审批实行分级管理制度、耕地总量动态平衡制度、耕地占补平衡制度、基本农田保护区制度、土地用途管制、建设用地的年度供应计划管理等，并将"十分珍惜和合理利用每寸土地，切实保护耕地"作为一项长期坚持的基本国策，以法律形式确立下来。虽然中央政府实施耕地保护政策后，在抑制耕地数量减少方面取得了一定程度上的效果，起到了一定的积极作用，但是政策的运行效果并不理想，特别是在耕地质量上不能得到保证。中央政府的农地保护行动出现的政策失灵，耕地资源减少的态势没有得到根本扭转和耕地质量相对较低，这迫使我们必须保护耕地资源，控制其数量的递减和提高其生产能力。特别是对一些生态环境相对脆弱地区，耕地保护政策显得尤其重要。在这种情况下，我们不得不思考现行耕地保护政策存在哪些问题，我们到底该如何来保护我们的生命线？

耕地资源具有公共物品属性，耕地的使用者不会主动、自愿保护人人都能受益的公共产品，而耕地所提供公共产品服务受益者免费"搭便车"（free rider）现象必须解决。耕地公共产品属性使得耕地边际私人收益与边际社会收益相偏离。按照 Pigou 的说法，当私人成本与社会成本不相等或者私人收益和社会收益不相等时，就会存在外部性问题（Carl，2007）。对于农地本身和农作物尺度的影响，农民有直接的管理权力，而且也愿意提高私人成本活动以获得私人利益。例如，土壤肥力的管理、害虫控制等。在宏观尺度上，农民面对古典经济学上的外部性和公共资源使用问题（例如，害虫管理策略恢复、景观复杂性、减少杀虫剂的污染影响等）大尺度提高资源的服务能力，对一个农民来说成本很高，而且很难排除其他人获得服务（非排外性）（Zhang et al.，2007）。一个现实的问题是如何能使正外部性的提供者继续提供正外部性，使负外部性能不断得到缓解和约束呢？众所周知，Pigou 解决这个问题通过征收庇古税。而科斯解决这个问题通过经济主体之间的谈判，科斯认为如果交易成本为零，财产权明确，经济主体能通过谈判方式得到一个有效地结果。Arrow 认为解决外部性的问题需要建立一个外部性的市场（Kroege and Casey，2007）。Varian 设计所谓的补偿机制使外部性内在化，鼓励公司能正确揭示他对别人造成影响的成本（Yuan and Bomb，2008）。不管哪种方法，最终的目的是使外部性内部化，通过补偿的模式，使外部性生产者的私人成本等于社会成本，从而提高整个社会的福利水平。

1.2.1 耕地生态补偿的必要性

耕地作为稀缺的自然资源和不可替代的生产要素，决定土地资源的配置和相关收益。耕地资源的重要性主要体现在农产品的重要性和耕地保护中的生态功能。开敞空间、景观、文化服务等农地非实物性服务决定农地的公共产品属性和产生外部性问题，造成农地依靠市场机制的作用难以达到土地资源配置的帕累托（Pareto）最优，造成耕地保护中不同利益主体的行为趋向及利益诉求流向私人最优决策，私人最优决策与社会最优决策明显存在不一致，作为代表社会最优决策的政府干预机制的建立是不可避免的。

土地资源配置的问题，就是在土地资源经济供给的稀缺性以及土地利用过程中，如何在时空上有效地把土地资源合理地分配到各种用途中，并与其他资源达到合理组合，能为社会提供更多所需的产品服务，又不会导致生态环境质量下降（郑新奇，2004）。土地利用过程中，仅当获得社会收益最大化时，土地资源配置才认为达到最优状态。耕地资源的外部性严重影响了土地资源的优化配置，土地的私人最优配置与社会最优配置因而存在差异，纠正差异就必须了解在外部性存在情况下土地最优配置的条件。

1. 土地优化配置模型

在此土地优化配置模型（Hediger and Lehmann，2003）中主要考虑两个因素：土地 L 和劳动力 A。假设所有土地只有农地 L_1 和非农地 L_2（建设用地），$L_1+L_2=L$，且同一类土地是均质的。最优土地配置是希望对区域一定数量土地在土地利用结构、方向和时空尺度上，进行安排、组合和布局，使所获得社会总价值最大，社会福利达到最优。在传统的发展模式下，仅仅考虑农地的经济价值，对人类生存和发展具有重要意义的生态价值和社会价值等非使用价值较少考虑。本模型中，考虑农地的非使用价值即农地具有净化空气、涵养水源、调节气候、防止水土流失、维护生物多样性、提供休闲娱乐等功能，使模型能正确反映现实情况。

设非实物型生态产品环境质量为 E；农业化肥、农业杀虫剂等使用产生污染为 $W = W(B)$，则

$$E = E[L_1, W(B)]$$

设 Y_1，Y_2 为农产品和非农产品（建设用地下制造业生产的产品）；A_1，A_2 为农业人口和非农业人口；B 为污染物释放；C 为农业的投入（化肥、农药、农机具等购买投入）。则

$$Y_1 = Y_1(L_1, A_1, C) \qquad B = B(C, Y_1)$$

假设进口额外农产品为 X_1，用来交换制造业的产品 X_2，农产品和制造业产品价格分别为 P_1 和 P_2，则有

$$X_1 P_1 = X_2 P_2$$

消费者消费的农产品和非农产品分别为：

$$C_1 = Y_1(L_1, A_1, C) + X_1 \qquad C_2 = Y_2(L_2, A_2) - C - X_2$$

消费者效用函数为：

$$U = U(C_1, C_2, E, R)$$

假设社会偏好相同，个体福利之和等于社会福利效用（utility），R 为其他影响福利状况的因素或资源禀赋，N 为社会人口规模。

$$\text{SocialWelfare Function SWF} = NU(C_1, C_2, E, R)$$

土地配置遵循帕累托最优目标是使整个社会的福利最大化，即

$$\text{Max SWF} = \text{Max } NU(C_1, C_2, E, R)$$

为求得使 SWF 最大化的条件，构建拉格朗日函数：

S. T.

$$L_1 + L_2 = L \qquad\qquad\qquad E = E[L_1, W(B)]$$
$$Y_1 = Y_1(L_1, A_1, C) \qquad\qquad Y_2 = Y_2(L_2, A_2)$$
$$B = B(C, Y_1) \qquad\qquad\qquad X_1 P_1 = X_2 P_2$$
$$C_1 = Y_1(L_1, A_1, C) + X_1 \qquad C_2 = Y_2(L_2, A_2) - C - X_2$$
$$A_1 + A_2 = A$$
$$L = NU(C_1, C_2, E, R) - \lambda_1[Y_1 - Y_1(L_1, A_1, C)] - \lambda_2[Y_2 - Y_2(L_2, A_2)]$$
$$\quad - \lambda_A(A_1 + A_2 - A) - \lambda_L(L_1 + L_2 - L) - \lambda_E[E - E(L_1, W(B))]$$
$$\quad - \lambda_B[B - B(C, Y_1)] - \beta[P_1(C_1 - Y_1) + P_2(C_2 - Y_2 + C)]$$

拉格朗日乘子 λ_1、λ_2、λ_A、λ_L、λ_E、$\lambda_B > 0$；$\beta = 1$（Hedige and Lehmann, 2003）。

由目标函数极值的条件：一阶偏导为 0，得到边际价格即拉格朗日乘子的数值：

$$\lambda_1 = P_1 + \lambda_B \frac{\partial B}{\partial Y_1} \qquad\qquad \lambda_2 = P_2 = \frac{\partial U}{\partial C_2}$$

$$\lambda_A = \lambda_1 \frac{\partial Y_1}{\partial A_1} = \lambda_2 \frac{\partial Y_2}{\partial A_2} \qquad\qquad \lambda_L = \lambda_1 \frac{\partial Y_1}{\partial L_1} + \lambda_E \frac{\partial E}{\partial L_1} = \lambda_2 \frac{\partial Y_2}{\partial L_2}$$

$$\lambda_E = \frac{\partial U}{\partial E} \qquad\qquad \lambda_B = \lambda_E \frac{\partial E}{\partial W} \frac{\partial W}{\partial B}$$

$$P_2 = \lambda_1 \frac{\partial Y_1}{\partial C} + \lambda_B \frac{\partial B}{\partial C}$$

从上面 λ_L 土地的边际价格可以看出 $\lambda_L = \lambda_1 \frac{\partial Y_1}{\partial L_1} + \lambda_E \frac{\partial E}{\partial L_1}$，$\lambda_L = \lambda_2 \frac{\partial Y_2}{\partial L_2}$，即 λ_L 可直接由非农产品边际价格组成，而用农产品边际价值表示时需要考虑 $\lambda_E \frac{\partial E}{\partial L_1}$ 环境质量等非使用价值。$\lambda_E = \frac{\partial U}{\partial E}$，所以需要考虑的环境质量间接使用价格是 $\frac{\partial U}{\partial E} \frac{\partial E}{\partial L_1}$。

在土地利用过程中农业用地的经济利益远小于建设用地的经济效益，它们之间的差额就是环境所产生的生态效益，但在传统的农业生产模式中，很少考虑农业利用过程的非市场价值。据估算，在我国城乡生态经济交错区工业用地效益是耕地效益的 10 倍以上，商业用地效益一般为耕地效益的 20 倍以上(张安录，1999)，较低耕地利用收益使土地利用的私人决策倾向土地配置的非农化。耕地非农化虽然是区域经济和社会发展在土地资源配置方面的必然表现，但土地资源有限性和稀缺性，对流转形成一种刚性约束，特别是对于中国人多地少的基本国情，经济利益的驱使，意味着与人类生活环境密切相关的耕地资源生态服务价值的丧失。土地资源配置并不能自动地实现土地利用的社会帕累托最优，我们就必须对耕地城市流转加以控制，否则生态及粮食安全将受到威胁。

2. 耕地生态补偿形成

在现代社会，人们逐渐意识到自然资源和生态环境对人类社会生存和发展的重要性，开始注重生态环境外部性的内部化。外部性可以通过政府制度得到有效纠正，弱化耕地和非耕地经济利益的差异，防止土地资源配置非农化流转的可能性。

耕地和建设用地之间单位差异为 $\frac{\partial U}{\partial E} \frac{\partial E}{\partial L_1}$，把这个差异补偿给耕地使用者，弥补耕地非农化的经济驱动价值，最终使私人的个人收益等于社会收益，解决私人土地利用决策与社会土地利用决策不一致的矛盾，继续保持耕地各种生态系统服务功能的供给。

耕地既存在着为人类提供生态服务功能的正面效应，又存在着因片面追求产量增长，大量化肥、灌溉水和农药的高投入等不合理利用带来的资源破坏和环境污染等方面的负效应，负效应的产生主要是由于 $B = B(C, Y_1)$。所有的这些因素促使耕地资源的数量和质量在逐年降低，生态服务功能的价值在不断丧失，这已成为许多国家环境政策制定的主要的原因。

函数中

$$\lambda_1 = P_1 + \lambda_B \frac{\partial B}{\partial Y_1}$$

经过变换

$$\lambda_B = \lambda_E \frac{\partial E}{\partial W} \frac{\partial W}{\partial B}$$

$$\lambda_1 = P_1 + \lambda_E \frac{\partial E}{\partial W} \frac{\partial W}{\partial B} \frac{\partial B}{\partial Y_1} = P_1 + \frac{\partial U}{\partial E} \frac{\partial E}{\partial W} \frac{\partial W}{\partial B} \frac{\partial B}{\partial Y_1}$$

由函数表达式现实意义可知：

$$\frac{\partial E}{\partial W} < 0$$

则

$$\lambda_1 < p_1$$

说明农产品的最优价格必须高于私人的产品边际成本，这时就需要市场来调节价格以达到平衡价格和边际成本之间的关系。耕地资源公共产品属性，不利于土地资源的合理有效的配置，经常出现搭便车、市场失灵的现象，必须依靠政府使外部成本内部化，消费者支付额外的价格使总价格等于边际外部成本或者激励农民促使农产品外在成本内部化，最终获得社会效益最大化。解决这个问题有两个办法：

(1)提高粮食销售价格。粮食价格关系到种粮农民的切身利益，粮食价格的提升可能有效调动农民种粮的积极性，但与此同时粮食价格也关系到消费者的消费能力与承受能力，如果价格大起大落将会产生许多社会问题。粮食是人们生活和生存不可缺少的基本食物，粮价在整个农产品市场价格中居于核心地位，粮食是稳定市场、保证建设的最重要物资，粮价波动引发了农产品产业链一系列的连锁反应，如果上涨过高，其价格的提升会导致其他有关行业商品的价格上升，包括农民所需的生产资料和生活资料，最终农民实际的购买力可能没有提高反而下降，农民不能从粮食价格提升中受益。近几年来，国家提高粮食价格，促进农民收入的增加和粮食生产的发展，但由于农业生产资料价格的上涨等多种因素的影响，抵消了部分粮食上涨农民从中获得好处与利益，粮食生产的比较经济利益仍然较低，农民的积极性没有得到很好的促进(刘克田，2001)。对于普通的市民来说，粮食价格的上涨，带来生活质量和生活水平的下降，因此，国家将会调控粮食价格，使市场粮价稳定在一个合理的水平上，不会仅仅依靠提高粮食销售价格提高农民的种粮积极性，而是要保障市场销售价格的基本稳定，有利于人民生活水平提高的措施。

(2)给予农业补贴。农业补贴就是对耕地所提供的生态服务价值给予补偿，从而激励提供者或受益者主体行为的增加或减少因其行为所带来的外部经济问题。但就我国农业补贴而言，国家农业补贴政策与生态保护政策不协调，并没有考虑农业的负效益对生态环境的影响，似乎仅仅注重农民的收入和种地的积极性。农业补贴是一国政府对本国农业支持与保护体系中最主要、最常用的工具。经济发展过程中由农业课税到农业补贴的转换可能是各国共同具有的政治经济特点(董运来，赵慧娥等，2008)。从2004年开始，中央决定免征除烟叶税外的农业特产税，同时进行免征农业税改革试点工作，并不断对农民进行种粮直补。2006年在全国彻底取消农业税后，取消了336亿元的农业税赋，同时取消了700多亿元的"三提五统"和农村教育集资等。2006年，全国良种补贴规模达到40.7亿元，国家安排粮食直补资金145亿元，全国农机具购置补贴资金6亿元。政策的主要目的是促进农民增收、确保粮食安全和耕地保护三个问题。可见农业补贴政策主要目的是寄希望于农业能满足人类社会发展的需要，通过影响农产品价格和农业的生产要素，达到支持弱势产业和土地资源的优化配置。

在调研时发现，农民对这一惠民补贴政策持积极态度，认为农业补贴政策减轻农民的负担，促进了农村经济发展，在提高农产品产量、增加农民收入、稳定农业综合生产能力等多方面起到了一定作用，但这一作用是有限的，只是针对个别家庭和个别农户起到一定的作用。国家统计局河南调查总队认为，2004 年实施的种粮直接补贴仅使农户人均收入增加 10 元左右（王亚楠和王建英，2009），到每个农户的补贴资金太少，成本也高（陈波和王雅鹏，2006）。虽然政府的政策很有吸引力，调动了农民积极性，但由于补贴金额较少，部分农民不怎么重视。王姣和肖海峰（2006）认为当前的补贴标准对粮食产量的影响不大，对粮食生产的刺激作用有限。

农民是整个农业发展的主体，农业生产和农业生态环境有紧密的联系，农业补贴政策没有调动广大农民参与环境保护的积极性，优化农业补贴政策的有效措施是建立农地生态补偿制度。生态补偿制度注重生态环境效益的影响，鼓励农民精耕细作，减少化肥、农药的过量使用，控制农业面源污染，提高农民的保护意识和环境意识，促进生态建设和环境保护工作顺利开展，把农民和农业有机结合起来，促进农业健康有效地发展，实现经济的可持续发展。生态补偿（payment for environmental services，PES）作为一个转变环境外部性、非市场价值、市场失灵的财政激励措施，受到各国普遍关注。目前生态补偿或者环境服务付费在美国、欧盟、哥斯达黎加、澳大利亚等国家已经得以实施。

1.2.2　建立耕地生态补偿机制的意义

耕地生态补偿机制是解决生态产品这一特殊公共产品消费免费"搭便车"，激励公共产品的足额供应，并使生态投资者和保护者能得到合理回报的一种经济保护制度。建立耕地生态补偿机制对我国耕地资源的保护、国家的粮食安全和生态安全有着重要的作用。

（1）抑制农地城市流转可能性。在经济发展中城市化进程加快，城镇规模不断向外扩张，致使农用地转为城市建设用地的数量逐年增多，农用地资源的数量在逐年减少，生态服务功能的价值在不断丧失。在现行的征用或征收补偿规定中仅仅考虑了农地的经济价值，没有考虑生态价值和社会价值。建立生态补偿后，提高耕地经营的比较效益，将改变耕地非农化经济利益驱动机制的作用方向，最终使征收或征用补偿标准大幅度提高，理性的开发商不会漫无目地开发，会综合考虑开发的规模和效益。耕地生态补偿将促进福利主体整体福利状况的改善，减少征地行为发生。因此，土地的生态补偿机制建立可以抑制农地的城市流转速度和规模，使得农地流转决策更加合理，从而使土地资源配置更有效，实现我国社会经济可持续发展的目标。

（2）保障国家粮食安全。1974 年，联合国粮农组织在世界粮食大会上将"粮食安全"定义为"保证任何人在任何地方都能得到为了生存和健康所需的足够的粮食"。即粮食安全是指能满足所有人对粮食的直接消费和间接消费，所有人能买得起并能买得到粮食。耕地是人类获得粮食最必需的生产要素，但对中国来讲，人口基数大，人口总量在增加，因而对粮食的需求仍将急剧增加。对农地而言，其比较经济效益低于商业、住宅、工业等用地，因而在市场经济体制下，比较经济效益低的农地就有向效益较高的其他用地转换的驱动（黄烈佳和张安录，2006）。在城市开发建设的过程中，建设占用的耕地多为优质良田。并且，为追求短期耕地高产量、高收益，长期无机肥大量的施用和农药的喷洒，使现有耕地的耕作层地力和肥力有所降低。总之，中国耕地的数量和质量在不断下降。为保证未来中国粮食安全，必须采取更加有效的措施遏制耕地资源锐减和耕地质量下降的势头。农地资源的生态补偿政策不断被提上日程。生态补偿的目的就是缓解耕地占用的速度和耕地质量的下降。对于耕地的补偿应包括两部分：一部分是为提高土壤肥力放弃化肥和农药喷洒导致的农民的利益损失的补偿；另一部分就是耕地所提供的社会保障功能和生态功能的价值。生态补偿机制的建立，一方面可以鼓励种植绿肥、施用有机肥等多种措施来实现地力的恢复和提升，保证耕地资源可持续生产能力；另一方面同样可以抑制耕地的城市流转。

（3）传承传统农业。我国人均耕地资源不足 0.094hm²，特别是在山区，耕地资源更是稀缺，地块比较分散，不能完全使用现代化的农业机械，使得种田需投入较多劳动，但获得经济收入微薄，农业人口不断陷入贫困且城乡差距加剧。改革开放后，大批农民进城务工脱离农地，变成城市人，据预测未来 20 年每年将有 1200 多万农村人口要转移到城镇地区。而且农村大部分农民慢慢发现致富的途径是来自城里打工或做生意的收入，而不是务农收入。据调查，在农村没有多少年轻人会种地而且愿意种地，96.69％的农民不希望自己下一代继续种地，而是希望他们走出农村，步入城市。如今 20～40 岁的人不是在读书就是出门打工，对种地知识匮乏，也不愿意待在农村种地。如果不对目前土地政策进行改革，那么若干年后，谁来种田，谁来为我们提供粮食？中国人口较多，耕地后备资源不足，1994 年美国学者莱斯特·布郎的报告《谁来养活中国》震动了中国和世界，"谁来养活中国"仍是中国必须长期面临的问题。那如何对目前的土地政策进行改革，以此来鼓励农民种地积极性和主动性，促使种地技术和知识得以传承，是目前国家和政府亟待解决的问题。农业经济效益较小，但生态效益和社会效益较大，如果建立生态补偿价值，对农用地这些效益进行补偿，那农用地使用者获得的收益将大于或等于其牺牲的机会成本，农民会做出务农或出去打工的理性抉择。

（4）保护生态环境。农民种植粮食作物，所考虑的只是耕地获得的最高粮食产量、所能实现的经济利益，而忽略种植粮食所产生的生态效益及其土地利用状况。若土地得到合理利用，其生产能力不会下降，通过不断施肥、灌溉、耕作、作物轮作等措施，可以使土地的地力得到恢复和补充，通过自我调节，达到一种周而复始的平衡。若不合理利用，就可能产生水土流失、土壤荒漠化和化肥农药残留等污染。在过去的 50 年中，由于侵蚀、盐碱化、板结、养分耗损、污染以及城市化等原因，使得世界范围内 40％的农业用地出现退化（陈源泉和高旺盛，2007）。耕地生态补偿就是对农业生产及人们的生活行为进行调控的一种手段。通过对农民进行一定程度的经济补偿，鼓励保护生态环境，转变低成本的破坏生态环境的生产方式，使外部性内部化，提高整个社会的整体福祉，从而解决农业生产的同时带来的生态环境问题。

（5）促进社会福利均衡与公平。耕地资源保护限制部分相关利益主体的经济利益，特别是我国对耕地资源保护采取的各种管制制度，带来保护地区福利损失及受限发展所产生的保护者公平性问题。限制发展和保护责任致使区域经济发展缓慢、建设的财政困难。目前耕地保护较多区域和耕地保护责任较少区域、基本农田保护区与非基本农田保护区之间，存在经济发展的非平衡性，致使人们对耕地保护制度的公平性和合理性产生质疑。国家以强制手段限制某些地方的开发利用行为，造成利用关系相对人福利损失，而某些无保护责任地区经济发展与建设存在着福利暴利。例如，基本农田保护区制止任意改变基本农田用途的行为，而且要求其做好保护基本农田"五个不准"，管制造成耕地资源价值差异性较大，保护区农民生活较贫困，这充分体现出社会分配不公。而耕地资源生态补偿制度的建立与实施，能有效矫正保护者与受益者环境及经济利益的关系，环境保护成本由社会共同承担，推进环境建设与效用共享。与此同时，能真正有效激励相关利益主体保护的主动性和积极性，促进农民及弱势群体福利均衡，在一定程度上能起到消除贫困的作用。

目前生态补偿作为一种重要的生态保护和环境管制工具已经受到政府的广泛重视，一系列加强生态保护和建设的政策措施，有力地推进了生态状况的改善，为建设资源节约型、环境友好型社会，促进经济发展与人口、资源、环境相协调奠定了基础。2005 年 12 月颁布的《国务院关于落实科学发展观加强环境保护的决定》、2006 年颁布的《中华人民共和国国民经济和社会发展第十一个五年规划纲要》等关系到中国未来环境与发展方向的纲领性文件都明确提出，要尽快建立生态补偿机制(俞海和任勇，2008)。党的十七大报告又指出，要建立健全资源有偿使用制度和生态环境补偿机制。虽然政府高度重视和建立一些措施，但在生态补偿的具体实践上，尚存在一些急待解决的问题，主要包括生态补偿的标准不合理，民众生态补偿的观念和意识还比较淡薄，生态补偿的相关法律还不完善，生态补偿的机制还不健全等。

1.3　研究意义

目前国家动用了所有可能的政治、法律、技术等诸多手段来遏制经济发展中耕地质量下降和数量减少的危机，但是耕地资源保护并没有取得令人满意的效果。在现阶段进行耕地生态补偿的研究具有重要的理论意义和现实意义。

(1)有利于推动耕地生态补偿的理论研究。随着我国经济的高速发展，耕地资源保护受到前所未有的挑战，本书通过识别耕地资源的属性，认识耕地资源在消费和生产过程中相关利益主体的博弈关系，以外部性、公共产品和产权分配等理论为契机，深层次剖析耕地资源保护制度失效的原因，尝试用一定的评价方法测算耕地生态补偿的额度。工业化进程加快，以及人们对生态环境的重视，使得生态环境效益补偿问题成为各国研究的热点之一。但目前我国耕地是否纳入生态补偿机制存在很大争议，本书耕地生态补偿及其补偿额度探讨对我国耕地生态补偿理论和方法的研究将有着积极的作用，对农田生态系统尽快纳入生态补偿机制提供参考依据。

(2)为建立耕地生态补偿机制提供科学依据。耕地资源保护以耕地生态功能和国家粮食安全的社会功能为目的，凸现耕地资源的外部性及准公共产品的特性。随着社会的发展，耕地资源扮演着愈来愈重要的生态及景观功能，起着生态屏障功效，然而耕地资源保护大部分生态效益被其他相关主体分享，但保护成本却由保护者承担，这削弱了保护者积极性与主动性。耕地生态补偿作为一种约束的激励手段能有效促使农民种植耕地外部性贡献得以内部化，提高农民保护耕地的意识和保护的积极性。补偿额度成为补偿机制中核心问题，合理补偿标准是生态补偿机制能否成功的关键，耕地生态补偿及补偿额度研究为建立有效耕地生态补偿机制提供科学依据。

(3)是确保耕地资源可持续利用和实现相关利益群体福利均衡的有效途径。耕地资源开发利用过程中，传统不合理农业生产模式，造成耕地生态服务功能下降和丧失，社会付出沉重生态代价，耕地生态补偿能纠正这一缺失，规范人类的生态活动行为，以确保耕地资源合理开发利用，实现社会、经济和生态可持续发展。生态环境保护者与建设者往往存在利益不一致，有失社会公平性，发展受限地区和保护者经济受损，但生态效益外溢于其他经济主体，耕地生态补偿给予发展受损者补偿。因此，耕地生态补偿在保证耕地资源保护者利益不受损情况下，确保全民社会福利增进，实现了相关利益群体的福利均衡，对我国耕地资源保护和弱势群体生活水平提高有着积极作用，有利于社会和谐稳步发展。

1.4 研究内容与方法

1.4.1 研究内容

本书在具体论证时，围绕着什么是生态补偿和耕地生态补偿，如何界定耕地生态补偿利益主体及其利益主体利益关系如何，为何需要和如何通过社会化的方法来实现提供者受益(受益者补偿)或者受限制受益，补偿实施区域内部补偿额度及区域之间赤字、盈余的测度等展开。为了解答上述问题，本书的论证思路为：

(1)探讨耕地资源的属性和特征，为耕地生态补偿提供理论上的支撑和参考，从而使读者能更好地理解和把握耕地生态补偿的内在本质和客观规律。

(2)分析耕地资源利益相关者，了解各利益相关者利益需求、倾向和利益相关者不断博弈的结果，解决谁来补偿、补偿给谁的问题。

(3)运用资源环境价值评估理论和方法，结合我国耕地资源的现状和资源环境价值认知状况，最终选择条件价值评估法和选择实验法分别评估基于不同角度耕地资源的生态补偿额度。

(4)任何保护耕地资源致使其发展权受限的利益相关者提供的耕地生态服务功能都应该给予补偿，而区域之间的国家规划管制导致保护面积多寡不等，同样其发展权受限导致区域利益相关者利益受损应给予公平的利益让渡，以鼓励参与耕地保护的意愿和主动性，促使其继续提供耕地生态服务。因此，本书将耕地生态补偿分为微观区域内部耕地生态补偿和宏观区域之间跨区域耕地生态补偿。

(5)选择调查区域，以武汉市区作为实证研究的对象，评析区内耕地资源生态补偿额度，探讨区域之间赤字和盈余解决跨区域耕地生态补偿问题。

1.4.2 研究方法

本书综合运用福利经济学、土地经济学、计量经济学、外部性的原理、财产权原理、利益均衡理论和资源价值理论和方法，重点研究我国耕地所提供的生态服务功能和这过程中不合理利用所造成的资源环境影响，试图内部化耕地所产生的外部性，确定合理补偿额度与标准，为我国政府科学制定耕地保护政策提供理论上的参考。主要采用的方法大体归类如下：

(1)问卷抽样调查方法。正确的政策制定到执行都是从实际出发，都是主观认识对于客观现实的正确反映。要做到这一点，就必须深入进行调查研究，以获取大量可靠的资料。本书选取武汉市作为实证区域，根据条件价值法(CVM)和选择实验法(CE)的理论，设计调查问卷。并在选择区域进行随机抽样，调查区域样本的耕地资源功能认知、耕地保护政策认知及保护耕地资源的支付意愿和受偿意愿。CE 方法中为核算耕地保护项目的属性价值而对受访者的选择方案进行调查。调查结束后 CVM 回收有效问卷 856 份，CE 回收有效问卷 744 份。

(2)条件价值法、选择实验法和效益转移法。在评估耕地资源生态服务价值时，运用条件价值法和选择实验法分别进行评估，比较两种方法之间核算的差异，最终确定合理的耕地生态补偿额度与标准。由于成本与时间受限，对武汉市 13 个区域采取合并和效益转移的方法确定没有参与问卷调查的区域的支付意愿与受偿意愿，期望能通过条件价值方法确定跨区域之间耕地生态补偿转移额度。

(3)计量分析和数学模型法。对于本书中出现支付意愿的影响因素分析，采取 Logistic 模型进行分析；双边界二分式的调查方式采用 Logit 数学模型推演求出支付意愿或者受偿意愿的平均值；效益转移中采用多元线性回归模型进行转移的量化；选择试验中利用效用最大化理论对 Logit 模型进行编程求解，确定参数估计值，从而能确定影响受访者做出效用选择的因素以及每一因素或者属性发生变化导致价值量的变化，从而能确定该属性物品的价值。

总之，本书在界定耕地生态补偿内涵和特征，以及耕地生态服务功能对人类社会福利正、负影响的基础上，对耕地资源生态服务价值进行区域内部主体和区域之间跨区域耕地生态补偿额度核算时采用定性分析与定量分析的方法、宏观分析与微观分析的方法，综合测度耕地生态补偿额度和生态补偿区域转移量。

第2章　国内外研究进展与实践

2.1　生态补偿主要研究领域

国内外对生态补偿问题有不少研究，但主要从三个领域来研究：

1.森林生态补偿

森林是陆地生态系统的主体，是生态效益的重要组成部分，森林生态系统的多功能性的作用正越来越引起国际社会的广泛关注（邓坤枚等，2002）。森林生态系统具有涵养水源、保持水土、净化空气等功能。森林属于公共物品，具有明显的外部经济性，生产过程中表现为持续的外溢性，但森林的所有者和经营者无法控制，其生态效用被整个社会无偿享用。生态效益免费共享促使整个社会的福利水平提高，而经营森林的经营者几乎没有任何额外生态收益，森林经营者的私人收益小于社会收益。森林生态效益补偿是我国较早开始探索的一种生态补偿形式。在20世纪80年代后期，我国正式提出森林生态效益补偿的政策思路，1998年森林生态产品效益补偿基金正式写入了《森林法》，从而为开展森林生态效益补偿制度奠定了法律基础。钟全林等（2001）以井冈山林区生态公益林为例，用成本法、环境效果评价法、意愿调查法及木材需求曲线修正法对生态公益林价值进行核算，为合理确定其经济补偿值提供实际依据和理论参考。李明阳等（2003）从补偿政策与法规的角度对中国公益林生态效益补偿问题进行探讨。蔡剑辉（2003）从补偿的额度、范围、方式三个方面探讨补偿需要兼顾效率与公平，以免导致"政府失灵"。王登举（2005）对我国森林生态补偿制度存在的问题进行了分析。王国华（2008）就森林资源生态补偿资金来源及补偿方式进行了研究。陆贵巧（2006）对大连城市森林的水土保持、涵养水源、净化空气等生态效益进行评价。杨利雅和张立岩（2010）通过对森林生态补偿实施情况进行分析，提出森林生态补偿制度的完善应当从制度和软环境建设两个方面入手。

发达国家的林地补偿机制发展比较早，早在20世纪20年代，爱尔兰就采取分期的方式对私有林进行补助。目前，美国、德国等发达国家已初步建立了生态服务付费的政策框架，形成了直接的一对一交易、公共补偿、限额交易市场、慈善补偿和产品生态认证等完整的生态补偿框架体系（张建肖和安树伟，2008）。为使森林生态系统生态完整，在1992年里约热内卢的环境会议上，建立了可持续发展的森林管理体系。1997年Costa Rica开始实施环境服务支付项目，成为全球环境服务支付项目的先导，并建立国家正式PSA支付项目（pago por servicios ambientales，PSA）。PSA项目真正实施开始时，已经有一些实践基础。早在20世纪70年代，Costa Rica的木材供应量减少，为了激励木材供应，政府在税收上给予优惠。1986年对木材进行生态标志认证。1995年开始关注林地的生态环境而非木材。PSA项目受到土地所有者欢迎和支持。在2005年年末，大约270 000hm²

土地参与到 PSA 项目中。人们青睐于林地合同，自 1998 年参与 PSA 项目的林地占总面积 91%面积，2005 年面积覆盖达到 95%。Nels Johnson 等对森林的流域水文服务市场化进行了总结，将森林生态服务的补偿模式分为三种：即公共支付体系、交易体系以及私有企业主的自主协议等，并对每一种模式的特点、赖以存在的条件以及涉及的法律公平等方面的影响进行了深入分析。

2.流域上下游之间补偿

上游地区的水资源的利用和保护对整个流域的水质和水量有较大的影响，因此下游地区为了获得较优质的水资源等必须要考虑支付一定的生态补偿费用，对上游地区承担的环境保护或失去的发展机会给予补偿，从而上下游之间形成一个利益共同体。因此，流域生态补偿中，提供补偿的主体应是下游地区受益群体，一般是其群体代表（政府），受偿主体应是上游地区的群体代表（政府）。

徐大伟等（2008）尝试应用"综合污染指数法"进行流域生态补偿的水质评价，提出跨区域流域生态补偿量测算的原则、模式、流程及计算模型，并结合实例进行了理论上的测算，解决了流域生态补偿中利益主体责任不清的弊端和补偿执行不力的缺陷。宋红丽（2008）对流域生态补偿支付方式进行研究。王金龙和马为民（2002）对流域生态补偿问题进行探讨，认为分清补偿流域和非补偿流域、强补偿型流域和弱补偿型流域，对于正确评价水土保持在流域治理中的作用至关重要。李怀恩等（2009）对流域生态补偿标准计算方法研究进展进行讨论，认为量化研究将成为今后研究的主要方向。

国外最早的流域补偿起源于流域的管理，如美国田纳西州流域管理计划，1986 年美国为减少土壤侵蚀而对流域周围的耕地和边缘草地拥有者进行补偿。2003 年墨西哥建立水质环境服务项目（pago por servicios ambientales hidrologicos，PSAH），在水文条件较差地区与环境敏感地区给予保护者补偿，补偿资金来源于水的使用费。哥伦比亚为流域管理征收生态服务税，Cauca Valley 流域水使用者要为资源保护活动承担费用（Pagiola，2005）。Kosoy and Martinez-Tunaa（2006）认为 PES 作为一个解决问题的工具，能有效的解决上下游之间的问题，而且 PES 计划能有效改变财产权的社会认知。在流域上，从自愿的契约形式的安排到不同类型的市场许可体系环境服务形式出现（Tognetti et al.，2005）。Payment for Environmental Services（PES）计划就是去引导上游的利益相关者在做土地利用决策时，能考虑对下游地区造成的影响，最终提高整个地区的生态经济效益，而且直接的环境服务付费比间接的自然资源财产经营管理在满足环境和发展目标上有较高的成本收益率（Ferraro and Kiss，2002）。

3.矿产资源生态补偿

矿产资源的开发与利用对当地环境会造成一定的负面影响，比如土壤污染、水污染和空气污染等，因此必须针对矿产开发所引起的生态环境问题或者对开发后的土地资源和生态环境进行恢复与修复。复垦和恢复工程费用仅靠政府的话，造成巨大财政压力，不利于资源环境的保护和利用，因此我们国家提出"谁破坏，谁恢复"的原则。即资源开发者应该承担主要的责任，不仅要负责资源开发过程的生态治理，而且开发活动结束后也要进行生态环境的修复，从而确保生态环境问题的解决不会因为资源开发活动结束而陷入停顿(任勇等, 2008)。矿产资源开发生态补偿中, 提供补偿的主体应是造成生态破坏的矿产开发企业, 接受补偿的主体应是遭受生态破坏的地方政府和社区居民。针对采矿业对生态环境造成严重的影响和破坏, 1983 年云南省以昆阳磷矿为试点, 每吨矿石征收 0.3 元, 用于采矿区植被恢复及其他生态破坏的恢复治理, 这可视为我国施行生态补偿政策的开始。随后, 又有一些省(区)陆续开始征收针对矿产开发的补偿费用(孙新章和谢高地, 2006)。近年来, 我国十分重视建立和完善有关矿山资源综合利用和环境治理的法规, 并已经逐步确立了环境影响评价、勘探权和采矿权许可证制度等, 在已经出台的《矿产资源法》、《环境保护法》和《土地复垦规定》中, 对矿产资源综合利用和矿山环境治理分别从不同角度提出了要求, 并以此为基础在《矿产资源法实施细则》、《矿产资源保护条例》、《矿山环境保护条例》中强调了矿产资源综合利用和矿山环境治理的内容, 提出实行矿山环境影响评估制度和矿山环境恢复保证金制度(宋蕾和李峰, 2006)。

从以上相关政策、研究方向及实践的领域看, 生态补偿主要集中在与农业活动相关的生态保护、资源开发中的生态保护和流域管理上。随着经济快速发展、人口的不断膨胀, 城市化进程加快, 生态环境问题越来越突出, 人们逐渐认识到农地保护的必要性和重要性, 生态补偿领域拓展到农地/耕地生态补偿中, 利用经济手段以达到减少农地城市流转概率和提高农地质量的目的。

2.2 农地生态补偿国外实践经验

2.2.1 美国生态补偿实践

美国对农地提供环境服务付费已有一段长期的历史。20 世纪 30 年代, 干旱、沙尘暴、经济萧条唤醒美国土壤保护的意识, 美国政府开始依赖自愿的支付项目, 鼓励农民对土壤进行保护。Brown(Zhang, 2007)认为保护耕地有不耕种和最小耕种两种方式。其中, 休耕是美国农业环境的主要政策, 农民可以自愿提出申请与政府签订长期合同, 将那些易发生水土流失或者生态脆弱的耕地转为草地、林地或者停止耕作。据统计, 1936 年的农业修正法案每年大约鼓励 1620 万 hm^2 的耕地休耕; 1956~1972 年的土地银行政策, 鼓励农场主短期或长期退耕一部分土地, "存入" 土壤银行, 银行对按照计划退耕的农场主给予农产品价格补贴; 第三次土地休耕(The Conservation Reserve Program, CRP)开始于 1985 年农业经济大萧条, 这时期很多土地登记注册, 此时的目标已不是传统的土壤侵蚀和生产力的关注, 项目工程范围更广泛(Claassen et al., 2008)。

随后美国不断拓宽研究领域, 20 世纪 80 年代中期, 美国的农业政策从防止表层土壤的损失, 逐渐扩展到农业用水的污染、湿地的保护、野生动物栖息地的丧失。美国政府利用政策管理手段促进环境目标的实现, 联邦政府在 1972 年出台杀虫剂、杀菌剂法案, 禁止农业杀虫剂、农药的过度使用; 1973 年的危险物种法案关注关键物种栖息地保护; 1990 年补偿引入湿地保护计划(wetlands reserve program, WRP)中; 最近野生动物栖息地激励计划(wildlife habitat incentives program, WHIP)的出台, 作为濒临危险物种法案的一种补充受到重视。政府为推进计划或者项目的实施, 对由此给当地居民造成的损失提供可能的经济补偿。补偿的力度关系到制度的激励效果, 也是政策达到预期目的的基本条件。在 2002 年的农业法案中，政府提议将更多资金投入到环境保护政策中，每 1 美元拿出 90 美分投入到农民身上，同时为了提高保护计划的基金，建议将每年 20 亿美元巨额资金，由商品计划投入保护计划中。对农地的保护，美国联邦政府和州政府也通过土地利用控制分区和税收政策控制城市发展过程对乡村土地的占用，政府推行土地发展权购买制度（purchase of development rights，PDRs）和土地发展权转移制度（transfer development rights，TDRs），以此来限制农地的城市流转。

2.2.2　欧盟生态补偿实践

欧盟生态补偿实践（Common Agricultural Policy，CAP）的目标是提高农业的生产力，确保欧盟食物供给和价格的企稳。1992 年的 MacSharry CAP 改革没有改变此目标，但改革引进一系列农民支付补偿体系，开始对耕地获得补偿的资格有一定限制。20 世纪 90 年代 CAP 改革第一次涉及农业环境目标，这促成农民自愿参与到环境友好的土地管理形式中。1986 年英国建立 the Environmentally Sensitive Areas（ESA）项目，这是第一个欧共体（欧盟前身）农业环境项目，目标是为了保护景观价值和栖息地，以此提高乡村公共优美的环境。随着经济的发展和生态环境意识的增强，欧盟 ESA 项目增加到 43 个（Hanley et al.，1999），其中 22 个在英格兰，10 个在苏格兰（Dobbs and Pretty，2008），所有的 ESA 项目中大约 14% 的土地是农业用地。ESA 项目中所有的补偿资金来源于英国和其他欧盟各国政府的纳税。在 2003 年，英格兰参与者签订的协议已经增加到 124 45 份，覆盖土地面积达到 64 万 hm^2，合同期限是 10 年，每年支付一次补偿。其中，2003 年总共给予农民补偿金额达到 5300 万美元。环境敏感地区的 40%～90% 的土地注册到 ESA 项目中，而农业发展条件较好，环境质量较高地区注册率较低仅有 24%。Wynn and Skerratt（Dobbs and Pretty，2008）调查 ESA 项目各种应用的策略，认为参与者繁荣景象主要原因是参与者参与的自愿性。当然研究者也探讨了农民参与 ESA 的风险和因素，认为在谈判时有风险，将来的环境政策可能对农民有较多的限制。欧盟每个成员国确定本国最低良好耕作实践水平（good farming practice，GFP）（Baylis，2008）获得第一阶段的政府补助，包括农业补贴和价格支持，如果农民通过不断努力 GFP 超过基线水平，则相应能获得较多补贴支持。欧盟耕地生态补偿额与耕地质量呈较强相关，耕地质量越高则获得补偿额越高，该政策鼓励农民提高耕地地力，保护耕地资源。

在 20 世纪 90 年代，为了阻止农业生物多样性丧失和濒危物种的蔓延，瑞士对农业政策进行了改革并制定新的环境目标，该目标制止农业生物多样性的丧失和濒危物种的蔓延，在农业利用区（UAA）建立生态补偿的区域计划（ECA）（Herzog，2005）。在欧洲山区的农村如奥地利、瑞士（北方）和意大利（南部）、德国等城市居民在此度过他们的假期，需要支付其享用的农业景观服务，充分体现休闲农业的景观游憩价值（Hackl，2007）。

以上可以看出美国、欧盟强调补偿农民提供的环境服务，计划的目的在于减少负外部性（养分的流失、土壤侵蚀）和继续提供正外部性（风景景观、传统农业的传承）。非市场环境服务供给意味着农民远离最优利益的资源利用和配置，补偿可以鼓励农民保持农业土地的价值。美国与欧盟的保护动机相似，但方法不同，欧盟关注的是农业活动的正负外部性，农民从其提供的公共产品中获利，欧洲政策减少外部输入和负外部性输出。美国农业政策更多关注环境目标，如欧洲为减少氮的过剩，支付农民费用以减少单位面积农地动物的数量；而美国政策直接支付费用，无论采取什么方法来减少氮的过剩。

2.3 国外生态补偿研究进展及分析

国际上相关研究主要集中在如下几个方面：

1. 生态价值定量估算

农地不仅提供食物、纤维等农副产品之类可计量的市场价值，还提供开敞空间、维护生物多样性、保育环境等所具有的非市场价值。科学、合理地评估农地价值，尤其是非市场价值，形成完整的资源成本核算体系，是构建耕地生态补偿机制的基础工作。为了量化非市场价值的大小，许多学者提出了评估方法，如 1972 年 Bohm 提出条件评估法（CVM），该方法以抽样方式，询问受访者为不确定财产所额外支付（willingness to pay，WTP）和愿意接受的补偿（willingness to accept，WTA）。CVM 是广泛使用经济评估方法（Mitchell and Carson，1989），1992 年 Drake(1992)讨论瑞典农地景观的非市场价值，应用 CVM 评估其非市场价值在 975 克朗/hm²；1997 年 Hackl 和 Pruckner 研究澳大利亚乡村旅游者支付意愿（WTP），发现乡村旅游者支付意愿，超出当地农业环境补贴（Hackl et al.，1997）。虽然通过调查让公众参与评价资源价值，但有一些研究者认为环境的多尺度属性使该评估方法对许多复杂的环境保护措施可能不是很有效。经济学家和其他兴趣者不断对 CVM 进行设计，提高 CVM 的效用，基于 Multiattribute 的 VIS（value integration survey approach）就是在 CVM 决策技术上不断改进的结果。Gregory(2000)调查太平洋西北部的居民，比较 VIS 和 CVM 调查方法，显示 VIS 得出的平均价值是 CVM 方法的 1/4。Duke 等(2004)运用关联分析（conjoint analysis）评估公众对农地非市场服务的偏好程度，结果表明一英亩①土地的外部效益为 0 美元到 1000 美元不等。Greenley、Walsh、Young(1981)使用亨利模型（Henry Model）来估算水资源的保护价值。Brent(2000)利用特征价值法评估湿地的价值，结果表明湿地规模每扩大一公顷，周围居住价值每平方米将提高约 12.5 美元；距湿地每接近 305m，居住价值每平方米将提高约 90.8 美元。成本法是基于减少的成本或者代替的成本。例如：土壤肥力减少，就需要通过提高肥力维持产量不变，提高肥力所花费的成本就是减少土壤肥力支持系统的价值。Costanza 等(1997)综合利用直接、间接各种评价技术，评价生态系统服务价值，核算出每类生态系统的生态服务价值，结果表明生态服务价值量是 33 万亿美元，是全球 GNP 的 1.8 倍。非市场价值方法逐渐成熟，农地非市场价值的测度为耕地的生态补偿奠定基础。运用不同研究方法与角度，揭示出农业景观、清新空气、生物多样性等给消费者带来巨大福利，对人类正确开发利用自然资源，优化农业景观格局和配置，确定生态补偿的标准有很大作用。

2. 生态保护成本核算

耕地生态补偿标准的核算，必须考虑对耕地进行保护所花费的成本，对土地所有者或

---

① 1 英亩＝6.07 亩。

者保护者充分补偿——通过税收减免或直接支付，具有一定指导意义。但遗憾的是，在对公共产品属性的土地进行管理时，在可考虑的公平的补偿方法中，人们对成本的获得和管理的知识了解不多，结果使补偿既不现实也不符合资源管理的成本收益法。例如，1993 年美国危险物种法案(ESA)并不能有效地防止野生动物栖息地的丧失。1998 年美国 240 份投票中有 72%的人赞同保护公园、开敞空间、耕地资源和其他的设施，所有这些需花费的成本高于 75 亿美元。Martin(1999)对佛罗里达州西南部农地栖息地保护成本进行评估时，认为成本包括购买成本与管理成本。佛罗里达州西南对土地的管理主要有防火、保护水质、防止外来生物入侵、禁止偷猎和其他破坏性人类活动。其他管理成本包含实施成本以及研究、监测、教育成本。事实上除了购买成本之外，还包括购买时的谈判成本、调查成本、评估成本等。Falconer 等(2001)把农业环境交易成本概念化，并核算环境敏感区(environmentally sensitive areas，ESA)计划所组成的交易成本。农民在获得耕地保护补偿后也存在耕地保护成本，据 Pagiola 统计，农民每年花费管理监测成本占支付收入的 15%左右，如果提供支付不充足或者继续提供环境服务成本较高，成本不能抵消收益，会诱导土地的不合理利用，因此，保护成本的核算可以避免土地资源的配置的低效。

3. 补偿效率分析

生态补偿的评价和效率分析是近年来的研究热点。为了保护生态环境和生态系统，所采取的生态补偿或者是环境服务支付是否有效率，或者说保护的成本与效益之间的大小关系，成为评价补偿工具成败的一种有效手段。

保护面积作为衡量保护计划成功与否的标准时，马里兰州在过去 50 年的时间里，已经失去一半的农田，从 400 万英亩下降到 220 万英亩。如果按照这个速度预测，未来 25 年 50 万英亩的农地、林地将被开发利用(Lynch et al.，2001)，土地流转的趋势迫使在支付机制和资格标准上都会发生变化。Lynch 和 Wesley 运用 Farrell 效率分析，把项目的总体目标定为保护规模最大化，保护农地的生产力，保护最脆弱农场，保护大块成片土地。四个目标作为 Farrell 效率分析方法的产出，通过技术效率(TE)和成本效率(CE)得出 TE 和 CE 都是较高的，这表明补偿机制变化、补偿标准提高后保护地块的各种特征相互协调。

Claassen 等(2008)以美国理论上和实践上的经历为例，设计农业环境项目的成本收益。美国农业环境政策的历史一直以土地休耕为主导，关注土壤的侵蚀和土壤的生产力，现在比较广泛关注的是环境政策所对应的环境目标，包括野生动物栖息地、水质量、空气质量和传统的土壤的保护。与此同时，政策制定者也考虑收益和成本，竞争性的竞价提高美国生态保护项目的成本效率。2002 年，美国国会重新调整了退耕和保护工作之间的平衡。成本收益之间的研究证明是有效率的，特别是运用指数，如 EBI 系数。当然对这些效率的测算，依赖于数据的可获得性，如土壤特性、地形、水文、当地的土地条件等，可以借助 GIS 更好地进行评价。

Bernstein 认为土地休耕对农业收入有积极影响(Baylis，2008)。Heimlich 等(1998)研究认为商品价格与农业保护支出量呈负相关，暗示农产品价格越高，农民越不愿意保护土地资源，因此与农户长期签订的契约难以保证执行，同时也说明支付农民的补偿一般都是固定补偿，存在补偿信用风险(Rollins，1996)。农户在与政府或者企业签订合约时存在信息不对称，在经济利益驱使下，也受到道德风险与信用风险困扰。如美国 1993

年危险物种法案是有争议的，并不能有效防止野生动物栖息地丧失，许多私人土地所有者产生反保护情绪。生态补偿或者环境服务（payment for environmental services，PES）的实施影响当地利益，Bruno locatelli 基于个体土地所有者角度，运用模糊多标准分析方法，评价 Costa Rica 的环境服务支付（Bruno Locatelli et al.，2008）（PSA 特指 Costa Rica 的 PES），研究结果显示：PSA 对经济的负面作用被正面的生态、社会效益所抵消，PSA 对穷人影响比对富人强烈。还有一些研究者认为支付补偿金直接影响地区的林地的保护，PES 加快了农民放弃农业用地的利用，使造林面积不断上升，可以获得较多的生态服务。部分研究者认为耕地生态补偿提高低收入地区农民收入，在一定程度上缓解了贫困，实现了经济发展与环境保护的协调。

4. 空间外部性探讨

从外部性理论中可知，空间外部性导致土地资源配置不能到达帕累托最优。PES 或者生态补偿逐渐成为一种基于市场解决外部性非市场环境服务的工具，为提供者进行经济激励，从而为保护生态系统服务，然而缺乏空间差异性可能导致效率的丧失（Lewis 等，2008）。农业空间外部性在发展中国家和发达国家，对农民土地利用决策形成潜在影响，而且影响当地经济福利和环境的可持续性（Parker and Munroe，2007）。许多空间外部性的产生依赖于距离，土地利用边界外部性影响最强，距离土地利用越远，土地利用的破坏或改良越弱，外部性的形成和生态边缘效应之间是一致的称为"edge－effect"（Parker，2007）。空间外部性认知有利于社会最优空间分析，在这一空间范围，可能发生外部性转移。众多利益相关者重新分配经济利益，是形成生态补偿的理论基础。空间外部性充分体现公平与效率。例如，传统农业与现代有机农业的土地利用模式下，有机农业的建立需要种植者承担高额生产成本，但大量正外部性溢出，而传统农业生产成本低，负外部性溢出，两者之间相互影响与渗透。Dawn 提出两者土地利用模式之间建立缓冲区（buffer zones）（Parker，2000）。20 世纪 60 年代后期以来，生态系统服务的价值已受到高度关注。Lars Hein 分析了生态系统服务的空间尺度，研究不同生态系统服务的价值尺度下不同的利益相关者（Heina et al.，2006）。空间尺度大到宏观全球尺度，小到微观地块尺度。例，荷兰德威登自然保护区湿地生态系统服务供给，湿地提供芦苇、渔业供应、娱乐和自然保护。在德威登湿地，芦苇和渔业部门受益者仅仅是本地区（市级规模），娱乐涉及市级和省级规模，而自然保护涉及的利益相关者可能是国家或者国际水平。生态系统服务在不同空间尺度利益相关者可能有不同的利益。当以生态系统服务价值为基础，形成和实施生态系统管理计划时，考虑生态系统服务价值尺度是非常重要的，它为建立公平合理的耕地生态补偿机制提供保障。

2.4 耕地生态补偿国内研究进展与实践探索

2.4.1 国内耕地生态补偿实践探索

耕地资源的数量和质量随着社会经济发展、城市化和工业化进程的加快呈现出减少和下降的趋势，威胁着中国粮食安全和生态环境建设。政府在耕地保护方面做了各种各样的努力。1986 年《土地管理法》明确了乱占、滥用和破坏耕地等行为属于违法，1986 年 7 号文件中"中共中央、国务院关于加强土地管理、制止乱占耕地的通知"首次提出要"运用经济手段"，但这个经济手段是对一些行为进行罚款，以辅助行政手段能更好地减少耕地资源的破坏。以后随着经济发展，耕地资源减少趋势愈演愈烈，1998 年修订的《土地管理法》首次以立法形式确认了"十分珍惜、合理利用土地和切实保护耕地是我国的基本国策"。2004 年中共中央国务院关于促进农民增加收入若干政策的意见文件明确提出"各级政府要切实落实最严格的耕地保护制度"。2005 年不仅对耕地数量更加重视，而且开始重视耕地质量，中央 1 号文件要求"坚决实行最严格的耕地保护制度，切实提高耕地质量"。不合理的开发利用带来的生态环境问题日渐突出，主要表现为水土流失加剧、荒漠化快速发展、地下水位下降等。1998 年《中共中央关于农业和农村工作若干重大问题的决定》指出："禁止毁林毁草开荒和围湖造田。对过度开垦、围垦的土地，要有计划有步骤地还林、还草、还湖"，国家逐步关注生态效益和生态环境的建设。1999 年开始试点退耕还林还草的政策，并于 2000 年出台了《国务院关于进一步做好退耕还林还草试点的工作的若干意见》，2003 年实施了《退耕还林条例》。中国制定了退耕还林 10 年规划，准备 10 年内退耕还林 530 万 hm^2，控制水土流失面积 3600 万 hm^2（中国生态补偿机制与政策研究课题组，2007），国家每年向退耕还林农户无偿提供粮食补贴和每公顷 300 元现金补助等一些惠民政策，以改善当地生态环境状况和促进农民收入的增加（任勇等，2008）。退耕还林还草工程是中国首次大规模的生态建设补偿措施，不仅有效遏制了生态环境脆弱地区的破坏，而且在保护和恢复地力、实现生态效益和经济效益"双赢"的目标方面都起到了显著作用。

我国政府目前每年的农业补贴，虽然没有涉及生态补偿思想，仍属于产业结构调整，但它是农业生态补偿的一种模式。国家每年粮食直接补贴与种粮综合补贴政策目的是保障农民利益，提高农民的收益水平，稳定农产品市场，保证粮食等农产品购销畅通。国家统计局河南调查总队认为我国农业补贴政策尤其是粮食收购价格政策的调整主要是由于粮食生产出现较大波动，其主要目的并不是为了增加农民收入。2004 年实施种粮直接补贴仅使农户人均收入增加 10 元左右（王亚楠，2009）。2009 年提出增加农民种粮补贴，农民发放每亩最低不少于 10 元的粮食直接补贴标准，今年将较大幅度增加农民种粮补贴。中央安排 100 亿元资金，对购置农业机械进行补贴。农业补贴政策对保护农民利益、促进粮食生产的发展有一定的积极作用，但也存在很多问题，需要进行改革。首先，这些补偿政策和措施并没有使农民意识到生态环境的重要性，比如粮食补贴政策，农民认为这是政府为提高农民生活水平和收入水平而给予的惠民政策。其次，农业补贴标准的制定缺乏依据和市场指导，并不能从根本上保护耕地资源和生态环境。还有，农业补贴资金由政府财政全额拨款加重了国家的财政压力。

2.4.2　国内耕地生态补偿研究进展

长期以来，传统经济学对农地价值的认识仅仅停留在单纯的或狭义的经济价值（农产品价值）的基础上，忽视了农地所拥有的生态功能、景观功能、食物安全以及世代公平等社会价值与生态价值（曲福田等，2001），耕地价值应体现耕地的经济价值、社会价值和生态价值（蔡运龙和霍雅勤，2004；俞奉庆和蔡运龙，2003；张飞等，2009）。为了更好地保护耕地资源，学者们从不同的角度研究耕地资源生态价值，为耕地生态补偿机制的建立打下了坚实的基础。牛海鹏和张安录（2009）在耕地资源保护外部性测算中，核算了耕地资源的生态效益。宋敏和张安录（2009）在对湖北农地资源外部性价值量估算时，尝试估算生态服务价值。李秀霞等（2007）从完全资源价格角度出发，探讨了农用地生态价值构成，并利用资源环境经济学的影子价格法、市场替代法、碳税法对其生态价值进行评估。李翠珍和孔祥斌等（2008）探讨耕地资源经济价值、社会保障价值、生态价值的估算方法，并计算出北京 2005 年的生态价值为 70.87×10^8 元，但生态价值供给能力总体呈下降趋势，生态价值的总体需求和多元需求呈不断增长趋势，所以需要保持和提高耕地表面的植被覆盖度，为此政府有必要对农民因种植耕地给予其一定的生态补偿。张效军（2006）从区域需消耗耕地和实际耕地盈余与赤字提出补偿标准。从耕地保护和粮食安全角度考虑，朱新华（2007）把外部性补偿界定为粮食主产区和粮食主销区之间的经济关系。蔡银莺和张安录（2007、2008）通过对农地非市场价值进行货币化计量认为征地补偿制度不合理，并将其纳入资源成本核算体系。蔡运龙和霍雅勤（2006）通过对谢高地等人研究成果进行自然条件差异修正，核算三县的耕地生态服务价值分别为 352 052.03 元/hm²、303 730.98 元/hm²、211 691.29 元/hm²，呈现东低西高的区域差异。

一些学者从理论上探讨耕地生态补偿。曹明德等（2007）从土地资源生态补偿概念着手，阐述土地生态补偿实现模式和土地生态补偿的基本法律制度。田春和李世平（2009）从耕地资源生态补偿的必要性、合理性和有效性三个方面进行分析。杨永芳（2008）总结了国内外土地征收补偿中都存在着生态补偿缺失的问题，认为应建立有效的市场化运作手段，通过对农地生态价值的正确评估，公平、合理的补偿失地农民的损失。俞奉庆和蔡运龙（2004）认为耕地资源价值重建为农业补贴政策提供了理论依据和实施标准，农业环境补贴作为耕地资源生态价值的实现应补贴给农民。

生态补偿的标准是补偿机制建立的核心问题，也是外部性内部化的一种直接方式。补偿标准关系到补偿的力度和补偿效果（赖力和黄贤金，2008；杨光梅等，2007），补偿标准的确定除了依据合理的核算技术工具外，还需要考虑支付能力、土地资源特征、环境背景和主体生态环境的认知等因素。目前的补偿标准较低（冯艳芬等，2009），以耕地价值核算是现在征地补偿标准的 2.51 倍（王仕菊等，2008）。章锦河（2005）分别以居民退耕还林还草的直接收益损失、退耕还林还草的生态效益、旅游者与当地居民的生态足迹效率差来确定补偿标准，最低是直接收益损失，户均应补偿 2159 元，人均应补偿 472元。要确定合理补偿标准，必须对保护区生态系统服务价值要有较完善的认知和评估。

2.5 国内外研究评述

综上所述，耕地生态补偿评价已成为生态环境经济所涉及的领域。最初研究动机是产生政策形成的综合信息和分析制度决策过程，现在研究目的是生态环境服务供给。补偿基本目标不是在环境上产生价格标志，而是对人类生态环境服务供给产生影响。通过文献分析，我们可以发现国内外的研究热点不同，研究水平也不同。①国外的研究能够形成翔实地块数据，对已做决策效果进行分析和评价，而我国对具有生态功能价值和社会保障价值的耕地生态补偿的研究涉及较少。目前研究主要集中在森林生态补偿、矿产生态补偿、流域生态补偿，对耕地生态补偿研究还处于起步探索阶段，案例研究不多，而国外涉及有机农业、生态农业、生态多样性、湿地保护、自然资源保护、栖息地保护等方面。②国内的补偿主要是以政府为主导的补偿模式。例如，农业补贴政策，政府决定补偿多少，如何补偿，而农民根本没有参与补偿机制，补偿标准较低，补偿不能因地制宜。比如，退耕还林、退耕还草补偿中，全国分为长江流域及南方和黄河流域及北方两个区域，补偿分别是 2625 元/(hm² · a)和 2100 元/(hm² · a)。而国外是政府和市场相结合的补偿模式，农民通过与政府谈判、签订合同，甚至竞价方式参与机制建设，调动农民保护耕地资源的积极性。

国内外的研究对于推动我国耕地生态补偿深入研究有一定启示。①国内外对补偿标准的核算中，如何内化保护或破坏生态环境行为的外部性理论上应是确定生态补偿的标准和依据，但由于外部性错综复杂，至今量化仍是一个难题。国内外研究案例中补偿标准研究的较少，方法主要是生态服务价值法、意愿调查法、机会成本法、影子价格法等，研究方法虽然多元化，但没有形成统一口径和标准，各个方法都存在一定的缺陷。因此，无论用哪种方法量化耕地资源生态补偿额度需要对方法的理论基础有较清楚的了解，尽可能减少和规避误差，使结果更逼近真实值。②国内外的研究集中在宏观某一尺度均质地块耕地生态补偿的研究或者微观异质地块研究，不能把两者相统一，地块之间并没有形成联系。而且耕地生态补偿中考虑较多是耕地资源提供的有益于人类的生态服务，对于耕地资源利用过程中面源污染问题较少考虑。③耕地生态补偿政策建立目的不是为了给予价格扶持，而是为了耕地资源生态正效益继续供给，生态负效益不断减少，转变农民生产和劳作方式。但目前生态环境意识、经济发展水平有限情况下，正效益不断供给与负效益减少之间存在矛盾。因此，在不能完全解决项目终极环境目标之前，解决两者之间现实问题就需要了解组成项目目标属性特征及其居民对待属性的态度和看法，从组成环境项目目标各个因素中寻找突破口，逐步实现环境政策的目标。

第3章 耕地生态补偿内涵与理论基础

3.1 耕地生态补偿相关概念界定

3.1.1 耕地生态服务功能

生态系统服务功能（ecosystem service）是指生态系统与生态过程所形成及所维持的人类赖以生存的自然环境条件与效用（欧阳志云等，1999）。研究证明，农田生态系统是生物生产力最高的生态系统，它是森林生态系统的 5~10 倍，是草地生态系统的 20 倍以上（唐健和卢艳霞，2006）。在所有的生态系统中，耕地最主要是被人类运用以满足自己需求和目标，其中食物、纤维、燃料产品是压倒一切的目标，作为一个人工操作的管理系统，耕地在供给和需求中发挥着重要作用。耕地提供的生态系统服务分为四类：供应服务、调节服务、支撑服务和文化服务。支撑服务使耕地具有生产力，能为人类提供丰富的景观资源。在这些服务中，千年生态系统评估（millennium ecosystem assessment，MA）认为支撑服务最重要的是维持土壤肥力，土壤有机物质（soil organic matter，SOM）能提供作物生长的矿物质营养元素，SOM 提供 50% 作物所需氮元素，因此，土壤肥力是维持农业生产力的根本。幸运的是人类的管理能维持和提高土壤肥力。调节服务是耕地提供最多样的服务，调节种群、授粉、昆虫、病原体、野生物、土壤流失、水质供给、温室气体排放、固碳等。人类管理同样可以控制土壤流失，保护耕地并维持土地植被覆盖率，能减少径流和土壤的集结，径流减少可以增加渗透，提高水的利用性和地下水的补给。具体来说，耕地生态服务功能具体包括：

（1）生物多样性服务（biodiversity services）：生物多样性服务有助于保护社区物种栖息地的生存和繁衍。湿地是自然界中生物多样性和生态功能最高的生态系统，能为人类提供多种资源，是人类最重要的生存环境，与此同时也是野生动植物，尤其是鸟类最重要的栖息地。但不幸的是全球湿地已经损失了 50%（卢升高和吕军，2004）。耕地资源的利用维持了耕地生态系统内部物种的生存、繁衍，保留了大量基因、物种和生态系统多样性。

（2）碳服务（carbon services）：耕地通过光合作用合成有机质，能够吸收大量二氧化碳，同时释放大量氧气，起到净化空气的作用，对维持地球大气中的 CO_2 和 O_2 的动态平衡起着非常重要的作用。植被较多区域反射率较低，吸收大部分热量，提高部分地区的大气湿度，削弱温室效应，改善局部小气候，具有"碳汇"功能。减缓碳排放（碳储存）已被《京都协定》框架认可，但目前的耕地资源的固碳，碳汇功能没有被重视。

（3）水文服务（hydrological services）：农业生产活动对于保持水土有着重要的积极意义。地表植被覆盖和土壤管理能有效吸收、渗透水量，改善水质和调节径流。反过来，这些属性对水文服务也有反馈的影响，例如总地表水和地下水产量、季节分布、水的质量(如沉积)。理想情况下,水文服务评价需要特定位置的土壤特性、植被覆盖、斜坡、分布、降水强度以及不同的水文服务变量的需求等信息。总之,农作物对地表的覆盖可明显减轻风水蚀的发生,对于保持水土,防止侵蚀发挥了较大作用。

(4)优美景观(scenic beauty):耕地资源也是一种景观,能给人一种视觉上的美感,特别是休闲观光农业,将各种景观要素组合能为人类提供秀丽的风景,同时还具有开敞空间、乡村景观等功能,产生自然环境的美学、社会文化科学、教育、精神和文化的价值。目前提出的"观光农业"也是这样一种理念,在提供给人类物质产品的同时,也提供精神文明的价值。而且耕地资源对于提高耕地认知、农业文化的传承、重农思想、教育人们保护耕地、贯彻基本国策都具有积极意义。

3.1.2　耕地非生态服务功能

耕地非生态服务(ecosystem disservice)是指耕地所提供的生态系统对人类不利的一面。农作物害虫性食草动物、病菌、专吃种子的动物等减少了生产力和导致严重的作物损失,这些都能通过生态系统的自我循环达到平衡状态,并不会对人类整个社会生态系统产生威胁性的影响。众所周知,耕地生态系统是经过人类干预的管理系统,特定农业生态系统服务的供给受到土地管理实践的影响。农药在为人类控制生物病虫害、提高农业生产力和保证农业持续稳定增长方面起到了积极的作用。但杀虫剂的使用迫使害虫骚动,较多依赖杀虫剂,可能导致特定物种通过基因进化产生杀虫剂抗体,造成害虫频繁骚动。若过度使用农药,破坏生态系统的自我平衡能力,将会对环境造成非点源污染,而且对化学药剂污染的控制花费较多成本。化肥施用量过多破坏土壤耕作层结构,长此以往导致土壤板结(变硬,质地不好),从而更易风蚀、水蚀。施肥过多,不但对土壤有侵蚀作用,而且过多的氮流失导致地下水污染。作物过多吸收一种养分可能会抑制作物吸收其他的养分,而导致其营养不均衡。试验表明施肥过多,土壤中有机质活性降低,导致土壤质量降低。由于农业充当着基础产业的角色,因此农业自身发展以及由其延伸而出的许多问题与人类生存现状乃至未来发展息息相关,比如食物中化肥农药的残留,转基因食品对人类身心健康的危害等。在以往研究中人们注重耕地生态系统服务功能,而忽视了耕地的非生态系统服务功能。农田生态系统的生态服务与非生态服务功能如图 3-1所示。

3.1.3　补偿与生态补偿

补偿在《辞海》中是对损失成本的一种弥补,弥补缺陷,抵消损失,也就是说先有损失然后再有补偿。从法理上讲,补偿是以当事人的过错(故意或过失)为前提的。而生态补偿不是故意侵害行为,不存在法律上的过错,法理上并不要求予以补偿。

尽管生态补偿的理论基础建立在几十年前,Coase(1960)在社会成本问题上提出,污染企业应为其污染的行为进行付费,即为其外部性行为负责,这奠定了生态补偿理念。但何谓生态补偿,至今尚未达成一致意见。Cuperus(1996)等将生态补偿定义为"对在发展中造成的生态功能和质量损害的一种补助"。Allen and Feddema(1996)认为补偿的目的是为了提高受损地区的环境质量或者用于创建新的具有相似生态功能和环境质量的区域。Anderson(1995)认为我们不能把生态补偿与生态修复和创建生态功能区相混淆。生

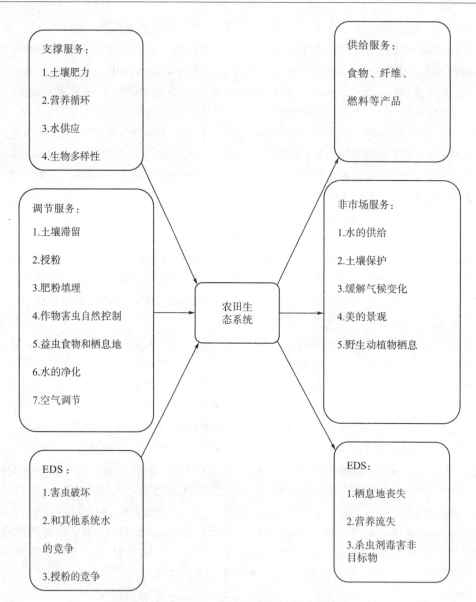

图 3-1　农田生态系统生态服务与非生态服务

态补偿在国际上更为通用的叫法是环境服务付费(PES)或生态效益付费(payment for environmental benefit，PEB)，这和我国的生态补偿(ecological compensation，Eco-compensation)的内涵是一致的。PES 作为一个转变环境外部性、非市场价值、市场失灵的财政激励措施，受到普遍关注，例如哥斯达黎加和墨西哥国家尺度的 PES，以及欧洲和美国的农业环境计划等。Wunder(2005)认为 PES 是生态系统服务(ES)供给者和需求者之间自愿交易的行为。环境服务付费强调的是环境的价值，是指根据生态服务功能的价值量向环境保护和生态建设者支付费用，以激发他们保护环境和进行生态建设的积极性，环境服务费在美国、法国、澳大利亚、哥斯达黎加、厄瓜多尔、哥伦比亚、墨西哥等国家已经得以实施。

随着生态理论的发展，生态补偿开始作为一种环境保护的经济手段进入我们的视野。

对"生态补偿"有"资源补偿"、"环境补偿"、"资源与环境的补偿"、"环境服务补偿"、
"生态效益补偿"、"生态环境补偿"等不同的叫法。我国不同学者对生态补偿有不同的理
解。然而早期的观点主要从对排污企业征收排污费或环境税的角度来进行考虑的，依据
污染者付费原则(polluter pays principle，PPP)向行为主体征收税费。随着有偿资源价值
观念成熟，人们对生态补偿的概念理解更宽泛，在过去的十几年中，生态补偿逐渐由惩
治负外部性(环境破坏)行为转向激励正外部行为(秦艳红，2007)。章铮(1995)认为狭义
的生态环境补偿费是为了控制生态破坏而征收的费用，其性质是行为的外部成本，征收
的目的是使外部成本内部化。庄国泰等(1995)将征收生态环境补偿费看成对自然资源的
生态环境价值进行补偿，认为征收生态环境费(税)的核心在于为损害生态环境而承担费
用的责任，这种收费目的在于它提供一种减少对生态环境损害的经济刺激手段。洪尚群
(2001)认为只要能使资源存量增加、环境质量改善，均可视为补偿。王钦敏(2004)认为
生态补偿是对环境资源使用而放弃的未来价值补偿。毛峰等(2006)认为生态补偿是对丧
失自我反馈与恢复能力的生态系统进行物质、能量的反哺和调节机能的修复。毛显强
(2002)认为通过对损害(或保护)资源环境的行为进行收费(或补偿)，提高该行为的成本
(或收益)，从而激励损害(或保护)行为的主体减少(或增加)因其行为带来的外部不经济
性(或外部经济性)，达到保护资源的目的。广义的生态补偿包括污染环境的补偿和生态
功能的补偿，即包括对损害资源环境的行为进行收费或对保护资源环境的行为进行补偿
(彭丽娟，2005；李文华，2006)。彭丽娟(2005)从生态学、经济学、法学等角度分别阐
述生态补偿的内涵，指出生态效益补偿的目的就是为了保存和恢复生态系统的生态功能
或生态价值，对于一个生态功能区而言，补偿的内容包括直接对生态环境的恢复和综合
治理的直接投入成本以及该区域内的居民由于生态环境保护政策所丧失的发展机会。

　　鉴于以上的分析，生态补偿成为促进生态环境保护的经济手段和机制应具有以下特
点：第一，无形的非物质补偿。生态补偿对象是生态环境所提供的生态产品、服务和非
服务功能。即生态补偿提供补偿的对象是看不见、摸不着的无形供给和服务。耕地保护
所提供的生态效益或生态服务，如保持水土、涵养水源、调节气候以及美化环境等是一
种无形非物质的效用。第二，外部性。外部性的存在是生态补偿的理论基础。外部性使
得社会资源使用不当，不能使资源的配置达到帕累托最优，影响了社会的福利效益。生
态补偿的目的是使外部性内部化，通过各种有效的制度安排和政策手段，达到激励保护
者或者惩罚环境破坏者，从而调节其行为，实现资源的最优配置和社会福利的最大化。
第三，行政性。由于生态环境所提供的服务与供给具有公共产品的属性，私人理性经济
人不会主动进行生态环境保护，必须依靠中央政府在法规和政策层面提供协商与仲裁。

　　国家一再强调要完善生态补偿政策，尽快建立生态补偿机制，并在党的十七大和
2005年《关于落实科学发展观加强环境保护的决定》中有所体现。可以看出生态补偿应
当包括环境污染的生态补偿，就是说生态补偿是广义的概念。总之，生态补偿应包括以
下几方面主要内容：①对环境污染或破坏的生态补偿。对已经造成生态环境恶化或者对
周围环境产生严重影响的行为进行惩罚，从而减少环境污染发生的可能性。②对保护生
态系统或者维持生态系统本身(恢复)进行激励补偿措施。③对个人或区域保护生态系统
和环境的投入或放弃发展机会的损失进行经济补偿。

　　因此，生态补偿的目的是保护生态环境、促进人与自然和谐发展、可持续利用生态

系统，是运用政府和市场手段进行经济激励来调节利益相关者利益的制度安排。

3.1.4　耕地生态补偿

土地资源是人类赖以生存与发展的重要物质基础和保障，土地利用变化是当今经济社会中最活跃和最普遍的现象，人类在利用土地发展经济和创造物质财富的同时，也对自然资源的结构及其生态与环境产生巨大的影响。特别是耕地资源，不仅提供了粮食、蔬菜、纤维等实物型产品，而且提供开敞空间、景观、文化服务等非实物型生态服务，是生态系统中最重要的生态系统之一。

通过对耕地资源的保护，耕地资源质量有所提高，但农地权利所有者或使用者仅能得到农地的经济价值，社会价值和生态价值外溢于其他经济主体，给其他的利益相关者带来了效益，或降低了其生产成本，或增加了其效用与福利，出现"免费搭车"现象。外部性的存在，使市场机制不能很好地发挥作用，致使资源配置不合理，环境污染行为发生。作为理性的经济人不可能花费高额成本进行耕地资源保护与投入，因此必须解决外部性问题，激励理性经济人自愿参与资源保护的行动。一方面耕地生态补偿针对耕地所提供的生态价值，给予耕地价值的提供者或受益者补偿或收费，提高其行为的受益或成本，从而激励提供者或受益者主体行为的增加，或减少因其行为所带来的外部经济问题。其补偿的根本目的是充分利用耕地资源，使资源优化配置，降低耕地资源流转可能性，维护、改善或恢复区域生态系统的服务功能，从而达到在利用土地的同时保护生态环境。另一方面对保护耕地资源造成的发展权受限损失，或者过多承担了耕地保护任务权益的损失给予补偿，以协调区域利益均衡，实现区域公平与社会和谐的基础上确保国家粮食安全和社会稳定。

3.1.5　耕地生态产品产权界定

从经济本质来看耕地生态补偿实际上是耕地所提供生态服务在不同产权主体之间的让渡及其利益再分配过程。由于公共产品的特殊性，让渡问题在市场上难以反映。调整生态服务系统相关主体的利益分配关系和责任分担多寡必然涉及不同产权主体之间的关系。因此，补偿是在明确生态服务供需双方责权利边界基础上做出的合理判定。根据《中华人民共和国土地管理法》规定，城市的土地属于国家所有，农业和城市郊区的土地，除有法律规定属于国家所有的以外，我国的农村土地依法属于农村集体所有，由村集体经济组织或者村民委员会经营、管理农村集体所有土地，农村集体经济组织在法律规定的范围内行使占有、使用、收益和处分等各项基本权能(陆红生，2002)。据统计，在我国的耕地中，属于农民集体所有的耕地占耕地总面积的 94.4%(雍新琴和张安录，2010)，农民作为农村土地的承包经营者和使用者，集体经济组织和农民之间的关系是所有权和使用权的关系。

所谓产权，是人们(主体)围绕或通过财产权(客体)而形成的经济权利关系，其直观形式是人对物的关系，实质上都是产权主体之间的关系(王广成和闫旭骞，2002)。产权的确定能很好地界定受益者和受损者，补偿机制的建立是对产权的尊重和保护产权的完整，同时也体现补偿的法律地位和公平公正。当前导致我国生态补偿不到位，或者补偿受益者与需要补偿者相脱节的问题，主要原因是产权不明晰(张涛，2003)。

只要我们明确界定涉及外部性效应商品的产权,不管谁拥有了产权,行为人都能从他们的初始禀赋出发,通过交易达到帕累托有效配置,如果能建立一个外部性效应的交易市场同样能发挥应有作用(范里安,2006)。

2007 年 8 月 24 日,环保总局出台《关于开展生态补偿试点工作的指导意见》,指出开展生态补偿试点工作的基本原则是谁开发、谁保护,谁破坏、谁恢复,谁受益、谁补偿,谁污染、谁付费。并明确指出环境和自然资源的开发利用者要承担环境外部成本,履行生态环境恢复责任,赔偿相关损失,支付占用环境容量的费用,生态保护的受益者有责任向生态保护者支付适当的补偿费用。20 世纪 70 年代以来,由国家出面组织或给予政策扶持对无过错致害受害人补偿的机制纷纷建立,在环境法学界,"损害由社会承担"的现代观点逐步取代了"损害由发生之处来负责"的传统观点,因此,由"谁侵害谁负责"到"谁受益谁负责"的转换是行得通的(张云,2007),不仅理论上能成立,实际操作上也是可行性的。

耕地作为一种稀缺资源为人类提供粮食、纤维、燃料等市场产品和伴随而来的水调节、气候调节、审美和文化服务等非市场产品。由于耕地是在人类活动干预下形成的耕地生态系统,不仅具有生态系统服务功能,还具有生态系统非服务功能(Ecosystem Disservice),兼具正负双重环境效应。因片面追求产量增长,大量化肥、灌溉水和农药的高投入和不合理利用带来资源破坏和环境污染等方面的负效应。耕地资源的生态系统服务功能,确保人类获益,按照"谁保护谁收益,谁受益谁补偿"原则,耕地保护的主体应该获得生态补偿,但与此同时,耕地资源的利用过程中也会对社会经济发展和生态环境带来不利影响,按照"谁污染、谁付费"原则,耕地保护与利用的主体应该支付补偿费用。耕地提供生态产品非市场价值、耕地的经济价值微薄,在价格扭曲、污染者支付能力有限等现实情况下,"污染者付费"原则又存在许多操作上的难题。耕地的使用者和保护者主体支付所带来的负效益补偿费用是不可能。遵循个人责任和社会责任结合,耕地具有 Ecosystem Disservice 功能,由社会共同承担,给予耕地所提供的正外部性补偿,以激励提供者继续提供,耕地利用过程中所产生的负外部性由社会共同承担,促使耕地利用过程中负外部性减少。因此,作为农村土地承包者和经营者的农民和集体经济组织都应该成为被补偿者。

3.2　耕地生态补偿理论基础

3.2.1　外部性理论

人们在遭到生态环境的报复后,越来越清醒地认识到生态环境是人类不可缺少的生产要素,是人类财富及幸福生活的源泉。环境经济学认为,引起资源不合理的开发利用以及环境污染、生态破坏的一个重要原因是外部性。外部性(externality)概念是由剑桥大学的马歇尔和庇古在 20 世纪初提出(潘少兵,2008)的。外部性在许多研究中也被称为"溢出效应(spillover effect)",它是指一个经济主体(影响者)的行为对另一个经济主体(被影响者)产生影响,当影响是强加在另一经济主体(被影响者)的成本时就称为负外部性(外部不经济),此时该主体的活动所付出的私人成本就小于该活动所造成的社会影响;而另一经济主体(被影响者)能从这一活动中获得收益,这就是所谓正外部性(外部经济),此时经济主体活动中私人所得利益小于该活动所产生的整个社会的利益。数学表达式为

$$U_j = U_i(X_{1j}, X_{2j}, \cdots, X_{nj}, X_{mk}) \qquad (j \neq k)$$

式中,j 和 k 指不同的个人或者经济体,U_j 表示 j 的福利函数;X_i($i=1$, 2, $\cdots$, n, m)指经济活动。表明只有某个经济主体 j 的福利受到本身自己所控制的经济活动的 X_i 影响外,同时也受到另一个经济主体 K 所控制的某一经济活动 X_{mk} 的影响,就存在外部效应。

外部性依据其产生原因可以分为生产外部性和消费外部性,就是说当外部经济或者外部不经济是来源于生产活动给他人带来效用的增加或减少,而生产者自己却不能从中得到任何报酬或者惩罚就称为生产外部性;当外部经济或不经济源于消费者的消费活动对其他经济主体造成额外收益或损失,而没有为此得到补偿或承担相应的成本时就称之为"消费的外部性"。外部性依据其时空结构,分为空间上的外部性和时间上的外部性。空间上的外部性是指某项经济活动在一定空间上对其周围的经济主体所造成的影响;时间上的外部性是指目前的某项经济活动对未来时期经济活动可能造成的影响,考虑的是资源的可持续性即对子孙后代的影响(李新文,2005)。

外部性经济产生时,所带来社会的好处或影响,经济活动主体不能得到补偿,而对社会造成的外部不经济,经济活动主体不会为自己的破坏行为负责。在很多时候,人类对外部性的认知和评估直接影响公共产品的配置效率和相应的制度安排(宋敏和张安录,2009)。

外部性是导致市场机制失败与扭曲的重要原因之一。在外部性中,如果某一商品对其他商品产生有益或有害影响,市场价格不能真实反映出来,会使经济资源配置偏离帕累托最优状态。外部性使得价格扭曲,信息传递失真,造成经济效率损失(董长瑞,2003)。可能外部经济商品的生产产能不足,而具有外部不经济性质的商品生产可能会过剩,打破市场经济中资源的有效配置。为使社会福利最大化,市场资源配置达到帕累托最优,经济学家对外部性如何内部化不停探求,其中意义深远的是英国经济学家科斯(Coase)和庇古(Pigou)的研究。

科斯认为外部性问题的本质就是产权问题,在交易费用为零的情况下,无论明晰的初始产权是如何界定的,无论产权归谁,自由市场机制总会找到最有效率的办法(高鸿业,2007)。即在产权明确情况下,为了个人利益最大化,他们会在市场机制的引导下通过谈判或者讨价还价的方式达成协议,最终能实现经济资源的合理配置。但如果双方交易费用过高、产权难以界定或界定成本也很高,那科斯产权理论就失去意义。科斯产权理论(Coase theorem)虽然受到非议,但也明确外部性问题不需要摒弃市场机制,如果只要交易费用不为零,但也不是很高的情况下,可以通过明晰产权或用新的制度安排方式来达到资源配置的最佳效率。

庇古提出政府干预手段即庇古税(Pigouivain tax)。庇古认为导致市场配置资源失效的原因是经济当事人的私人成本与社会成本不一致,私人收益与社会收益不一致,理性经济人追求私人最优导致社会的非最优。因此,纠正外部性可以通过政府税收或者补贴方式来矫正理性经济当事人的私人成本,其数额应等于社会成本与私人成本之差。税收或者补贴会对理性经济人产生激励作用,使生产达到社会最有效率的水平,资源配置就可以达到帕累托最优状态。

可以看到,科斯强调产权和市场,认为解决外部性不需要政府的干预,而庇古的观

点是政府通过经济手段出面干预、调节和控制。解决外部性的方法也可以通过行政管制，该方法同样可以弥补市场不足，纠正外部性的缺陷，对提高整个社会福利方面具有积极作用，但管制也可能存在缺陷，导致行政管制失败(布坎南，1989)。特别是在发展中国家，指挥和控制的保护机制已经证明是无效的(Lubell et al.，2002)。我国农地保护政策预期目标不佳及执行的不完全性往往导致政府的农地保护政策失灵(钱忠好，2003)。

耕地资源具有明显的外部性特征，耕地资源的生态环境价值和社会价值在市场不能得到有效体现，使得耕地这些价值被置于公共领域，呈现出明显的正外部性。保护耕地资源，农民能获得一定的经济利益，但这个经济利益较小，而耕地保护社会和生态的外部性溢出，溢出效益远高于经济利益。由于农业的经济比较利益低下以及搭便车现象存在，很多人不愿承担保护成本，抑制了农民保护的积极性。外部性的存在，使市场机制不能很好地发挥作用，不能通过价格机制来纠正成本与收益的偏差，理性的经济人就不会有效进行耕地资源保护。耕地资源所提供的生态服务价值的权利不好界定和评判，而且耕地具有保障国家粮食安全和生命线的特质，要激励理性经济人自愿参与保护资源的行动，就必须通过政府的有效制度手段纠正扭曲的市场偏差(图 3-2)。如图 3-2 所示，农地资源保护过程中边际社会收益 MSB 大于边际个人收益 MPB，农地资源保护的数量由种植耕地资源边际成本 MC 与边际个人收益 MPB 共同决定，两者相等时的产量为个人最优生产量，供给量 Q 小于社会最优需求量 Q_1，因此，在无干预情况下，存在耕地资源保护或者种植供给缺乏的情景。

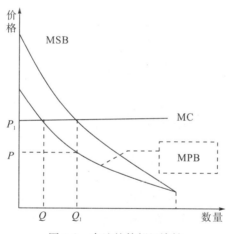

图 3-2 农地的外部经济性

3.2.2 公共产品理论

按萨缪尔森的定义，纯粹的公共产品(public goods)是指这样一种产品，即每个人消费这种产品不会导致别人对该产品消费的减少(沈满洪，2007)。马斯格雷夫指出(李新文，2005)，公共产品是指"某些个体可对其共同消费或无竞争消费"。公共商品两大特点：一是非竞争性(non-rivalness)，即一个人消费该商品时不影响另一个人消费该商品的数量和质量；二是非排他性，即没有理由排除一些人消费这些商品，或者将特定的个体排除在其消费或现有产出的使用之外是不可能的，或者假设能在技术上做到排他，但排它的成本非常高而导致在经济上不可行。如农地所提供的涵养水源、保护土壤、提供游憩、防风固沙、净化大气和保护野生生物等生态服务。

按照公共产品理论，公共产品根据其属性又可分为纯公共产品和准公共产品。同时满足"非竞争性"和"非排他性"这两个属性的物品称为纯公共产品。例如美丽的风景、新鲜的空气等资源作为公共消费品的供给时就属于纯公共产品。有些公共产品具有竞争性，但也具有非排他性，这种"拥挤"的公共产品是介于公共产品和私人产品之间的混合产品，又称为准公共产品。如收费的桥梁、公路、电影院等。

对于公共产品的非排他性，人们会尽可能从中获得足够多的收益而不付任何代价来享受通过他人的贡献而提供的公共产品的效益。公共产品的这种属性又称为"灯塔效应"和"免费搭车"行为，整个社会都从中受益，而不需为此付出费用。生态产品具有典型的纯公共物品的特征，如优美的环境是人类所需要的，但洁净空气、优美景观的保持是需要成本与费用的，由于消费中的非排他性和非竞争性往往导致"搭便车"心理，人们愿意消费优美环境产品，但不愿主动担负享受优美环境而需要的费用。因为人们认为公共物品并不是专门为自己个人而提供的。对于负影响效果的公共产品，受害者在设法制止这种不利影响上互相依赖和推卸责任。公共物品的这些属性导致了市场机制的失灵。因此，应通过政府参与或市场机制，确定这一特殊产品的供给与需求，建立科学生态补偿机制，确保生态保护者能够像生产私人物品一样得到有效激励，达到生态资源合理配置目的。

农地资源具有准公共物品属性。耕地资源所提供的生态系统服务具有纯公共产品的属性，公共物品属性决定了其面临供给不足、拥挤和过度使用等问题，导致使用者不会主动、自愿保护人人都能受益的纯公共产品，而耕地资源所提供公共产品服务受益者免费"搭便车"的现象必须解决。耕地的生态补偿机制是解决生态产品这一特殊公共产品免费"搭便车"行为，激励公共产品的足额供应，并使生态投资者和保护者能得到合理回报的一种经济保护制度。

3.2.3 生态服务价值理论

1970 年联合国大学（United Nations University）发表的《人类对全球环境的影响报告》中首次提出生态系统服务（ecosystem service，ES）功能的概念（赵军，2007）。经济学家认为 ES 是自然过程，是支持人类生存与提高人类福利的产品。2005 年联合国发布《千年生态系统评估报告》，把 ES 分为支持服务、供给服务、调节服务和文化服务。生态系统服务是指自然生态系统结构和功能的维持会对人类的生存和发展有支持和满足产品、资源和环境的作用，不仅为人类提供了食品、纤维及其木材等原料和产品，还能维持整个人类生命支持系统，形成人类生存所必需的环境条件。但人类活动对地球生态系统的结构和功能产生巨大改变，这些变化影响着 ES 的流动，纠正或者修正自然系统为人类服务，是人类影响生态系统和生物化学圈的主要驱动力。

MA 认为大量供给服务已退化，调节服务已经遭到破坏，据 MA 评估显示全球大约 2/3 的生态系统服务是不断减少的，服务功能不断受到损害。保护自然和满足人类需求之间的平衡问题是造成服务退化的主要原因。人类的需求不可避免需要土地产出的食品、纤维来满足当地居住、生存、交通运输、能源设施等，但这个需求和保持原生态资源要求存在不一致。缺乏有效生态系统服务的评价及资源有效配置的决策导致无效率使用资源和大量生态系统的丧失。研究者认识到，生态系统提供的各种产品与服务具有很高的价值，为持续消费生态系统所提供的服务，就必须核算生态服务的价值，并使其在市场信号中体现出来。生态系统服务的量化在联系人类活动与自然生态系统之间发挥积极作用。

众所周知，生态系统是一个复杂的动态系统，具有时空变换规律，在时间和空间上有不确定影响因素。不像商品是有形的，大部分 ES 是无形的，而且在不同的位置价值变化不同，同样也随着时间在变化。例，水对农作物的影响，伴随着作物在不同位置、不同季节对水的需求不同，其影响也不同。生态系统服务价值的核算就成为复杂性的难题，目前还没有清晰可以辨识的阈值。1997 年 Constanza 在 *Nature* 上发表文章，首次估算了全球生态服务功能价值，阐明生态服务功能就是人类直接或间接地从生态系统功能中得到的效益(吴岚，2007)，这为以后的生态服务价值估算奠定了基础。

农地资源是生态服务的主要载体，是稀缺的自然资源和不可替代的生产要素。农地价值既包括农地提供的食物、纤维等可计量的农副产品的市场价值，还包括农地提供开敞空间、维护生物多样性、保育环境等所具有的非市场价值。农地的非市场价值是无法通过市场交易实现而又客观存在的价值部分。生态系统服务价值理论使人们认识到必须对生态环境造成的破坏进行补偿和修复，对公共产品的保护者进行激励，与此同时生态系统服务价值评估为确定生态补偿标准提供了科学依据。

3.2.4　资源价值理论

以马克思的劳动价值论为基础，人们认为价值是凝结在商品中的一般的人类劳动，商品的价值是由生产商品的社会必要劳动时间决定的。运用马克思的劳动价值论来考察资源的价值，在于资源是否凝聚着人类的劳动。这就意味着没有附加人类劳动的商品不具有价值，比如原始未经开垦的森林、草地、湿地、矿产、空气、阳光等不是人类劳动创造的，所以没有价值。自然资源除具有满足人类需求的功能之外，还具有维护生态系统的正常生态循环、物质流动等各种正常循环和演替能力。保护和恢复生态系统，使生态循环和生态平衡能力在经济发展的可控制范围之内。耕地生态系统提供的服务有涵养水源、净化空气、固定 CO_2、吸收污染物质等，这些公共商品没有进入市场，那它们是否具有价值呢？显然耕地生态系统可以理解为人类对这些生态系统服务间接附加了人类劳动，人类一代又一代的精耕细作、生产投入都是一种物化劳动，因此是有价值的。但还有一种类似空气、阳光等这样的自然资源，未投入人类直接或间接劳动，以经典劳动价值论，该资源不具有价值，但不管人们是否承认这种资源具有价值，它依然是一种客观存在，仍然发挥着具体的服务功能，为人类所利用，如果破坏了这种服务功能或者阻碍它的正常作用，它将从不同角度影响社会经济的健康发展，甚至威胁人类社会的生存。因此同样也要重视自然资源存在的意义。这时就要谈到效用价值论，英国经济学家劳埃德提出商品价值只表示人对商品的心理感受，不表示商品某种内在的性质，价值取决于人的欲望，而且和欲望、物品数量多少有很大关系，在欲望满足和不满足之间的边际上显现(于连生，2004)。事实上，这就是物品的效用，同时也说明商品或者说资源的价值取决于边际效用。随后法国经济学家瓦尔拉斯提出了"稀缺性"价值论。维塞尔认为效用是价值基础，仅仅效用和财物的稀少性两者相结合而形成的边际效用是价值形成的条件。综合起来，效用价值论就是能满足人的欲望能力，而且这种资源是稀缺的，其价值大小完全取决于满足人的最后那一单位商品的效用。根据劳动价值论和效用价值论，空气污染程度加大，洁净空气变得稀缺，也是一种稀缺资源，同样具有价值。在生产力水平低下时，人类对自然资源的利用不足，认为资源是无限的，可以无偿取得，随着经济的发展，人们对自然资源利用超过其限度，深刻感受到资源的稀缺性，人们对环境质量需求层次不断提高，生态环境的价值也将会越来越大。因此必须树立自然资源的价值观，这样在生活中才能做到资源节约集约，才能做到付之于实践，建立正确国民经济核算体系。耕地资源具有价值是由耕地资源有用性和稀缺性两者共同决定的。耕地作为资源环境的重要组成部分，除了物质生产功能，提供食物、纤维等之外，还提供人类生产生活空间和涵养水源、净化空气、景观美学、物质循环，以及维护整个生态系统平衡等各种功能，向消费它的人类提供一定的效用，因此耕地资源是有价值的。正确认识自然资源的价值有利于制订正确的生态环境保护政策、生态资源利用政策，防止生态环境遭受破坏。

3.2.5　产权理论

产权（property rights）是以财产利益为内容，直接体现财产利益的一种权利，同时又是人类实现其他基本权利的条件（陆小华，2009）。我国《物权法》规定保护公民的财产权不受侵犯，可见，公民的财产权受到法律的保护。洛克解释到人们既然都是平等和独立的，任何人就不得侵犯他人的生命、健康与财产。财产权虽然不是由政府和法律所规定的权利，但却是各地政府应当保护的自然权利。康德还把是否拥有财产看成区分积极公民与消极公民的标准（杨晓东，2008），财产权的保护和完备可以体现一个区域社会福祉的优越。科斯在《社会成本问题》中分析了外部性问题，认为明晰产权可以克服外部性，降低社会成本，从而在制度上保证资源配置的有效性，即对财产权的界定能很好的内部化外部成本。外部"效应"内部化后通常财产权会发生变化，影响到其他与之相关的人员的利益关系[①]。

我国土地分国家所有和集体所有两种形式，农村集体经济组织拥有土地的所有权，集体经济组织农民拥有土地的使用权。对于具有特殊意义的农地来说，从法理上来说，农村集体经济组织应具有完备的产权，农民具有部分产权。20世纪90年代以来，农地粮食安全和生态安全的屏障功能促使我国实行土地用途管制制度、耕地保护制度、基本农田保护制度等世界上最严格的耕地保护制度及相关措施，强化对耕地资源的保护。制度和措施其实质是为了维护社会利益而对土地产权的限制，以此保证土地的合理利用。例如，基本农田保护区设立后，对区域内农田的使用实施限制，基本农田使用者生产自主权受限，利益相关者的财产权将会产生不同程度的损失。《物权法》规定私人的合法财产受法律保护，任何人不能侵犯，但与此同时规定国家为了社会整体福利，保障粮食安全与生态安全目标，对耕地实行特殊保护，严格限制农用地转为建设用地，控制建设用地总量。国家通过耕地与基本农田保护制度，农地用途管制、占补平衡制度，限制农民集体所有耕地转为建设用地，对其集体私有财产的限制，使耕地所有者和使用者遭受经

---

① 蔡国辉译，Harold Demsetz. Toward a Theory of Property Rights. http：//www. law-economics. cn/list. asp? unid=1318.

济损失，就应给予相应补偿，否则就是政府基于粮食安全的理由对农民与农民集体产权权益的侵害。

产权制度是否完善，将直接影响到所有制生产关系的运行效果，进而影响人们保护耕地的意识、愿望、能力以及耕地保护立法的制定和实际执行情况(许奕平，2007)。早在 20 世纪中期，发达国家就关注制度对土地利用的制约，认为规划管制与发展受限将会导致不同土地利用模式与分区利益群体福利非均衡，给发展受限地区相关群体带来福利损失。虽然任何产权必须有限度，社会强制力会处于主导地位，但同一社会主体不同区域或者不同的土地利用分区产权不同，对管制地区和限制地区的财产分配存在不公，在各种土地用途管制和法律法规的框架下，其用途仅限定为农业用途，会存在价值的转移和外部性问题。国家强制力实施下的制度如果缺少公平、公正，则制度的效率和管制成本会成为一直讨论的话题。目前我国政府在进行耕地资源保护过程中，各种管制制度和保护措施没有达到应有的效率，出现行政管制过程中成本过大、制度实施效果不佳、效率低下等问题。

地方政府、农民等相关利益群体没有保护耕地资源的动力，造成我国耕地资源的数量不断下降和耕地资源质量的不断受损，土地使用权人财产权受到剥夺。依据经济学理论，政策制定的目标是为了纠正市场失灵，实现社会福利最大化，产权可以帮助人们进行更合理的交易，可以达到资源配置、激励与约束等作用。从财产权角度分析，解决市场失灵、政策失效的方式有两个：一个是保护私人财产权的完备性；二是给予转移的财产权补偿。政府部门为了保障公共利益最大化，实现社会资源配置的帕累托最优，采取一定的管制制度是合理的，但应给予被管制的所有人为公共利益做出牺牲的补偿，以弥补发展受限相关利益群体的福利"暴损"。

3.2.6　利益均衡理论

利益均衡研究的实质是协调利益分配关系，保证相关利益主体的利益不受侵害，使相关利益主体在公平、公正的前提下进行利益的转移和分配。生态问题的本质是人的问题，而核心问题是利益的平衡。瓦尔拉斯的一般均衡理论认为要实现社会利益均衡必须使社会成员具有共同的社会目标(李长健和伍文辉，2006)。耕地保护过程中，由于耕地资源的外部性和公共产品的属性，理性经济人不可能让渡自己的利益来实现社会福利最优的共同目标。相关利益者面临利益矛盾与冲突，如何协调各方利益者的利益诉求，充分考虑土地资源配置中的各利益主体的利益与责任均衡问题(陈丽等，2006)，成为协调地方经济利益与保证粮食、生态安全的焦点。例如，国家将国土空间划分为优化开发、重点开发、限制开发和禁止开发四类主体功能区，主体功能区划制度实行，产生管制力度和土地发展权利受限制，致使发展受限制地区相关主体利益"暴损"(福利损失)，非受限地区土地"暴利"现象(福利增进)的产生，对不同功能区及区域内的利益群体产生不同福利效应。在缺乏经济补偿制度的前提下，规划管制弱化区域(优化开发区和重点开发区)及其相关利益主体可能会无偿地取得外部经济性利益，而规划管制强化区域(限制开发区和禁止开发区)及其相关利益主体则可能会为此蒙受外部不经济造成的损失，却得不到相应补偿，致使区域之间经济发展存在严重非均衡性，保护和规划执行的积极性不能很好地调动。中央政府与地方政府在保护耕地资源的目标中利益诉求存在不一致，在中央政府与地方政府的博弈中，中央政府为实现公共利益的最大化而限制地方自身利益的无限膨胀，地方政府为谋求地方经济利益的最优发展而与中央政府不断进行博弈，寻求发展的空间，更期望中央政府给予地方更多照顾(刘然和朱丽霞，2005)。生态补偿能有效调动各级地方政府以及农民保护耕地的积极性，达到保护耕地、保证粮食与生态安全的总体目标(师学义和王万茂，2005)，实现各主体功能区和相关利益主体由于发展受限和规划管制所产生外部性受损的补偿进行协商和博弈，达到相关利益群体间福利的均衡，实现经济发展与农田保护目标的和谐统一。

第4章 耕地生态补偿利益主体界定及博弈关系分析

耕地生态补偿作为一项经济激励保护措施，受到社会各界的广泛重视。在对耕地生态补偿内涵、理论和应用等研究的基础上，建立生态补偿机制之前，摆在政府和研究者面前的难题是谁来补偿、补偿给谁、如何补偿和如何确定补偿标准。生态补偿必须了解当地相关利益者的利益需求和倾向，其会影响到生态产品供给数量与质量，同时也是政策执行成功与否的关键。对利益格局或价值取向的研究与探讨，找出促使均衡结果合理化的因素，能更好地激励目标工作的有效行使，使利益相关者的行为能通过补偿得以修正(徐琦，2008)。

4.1 耕地生态补偿利益主体界定

利益相关者(stakeholders)就是一个群体，没有这个群体的支持组织活动就难以为继(谭术魁和涂姗，2009)。特别是具有准公共产品属性的耕地资源，必须通过政府的干预，才能达到利益均衡和生态平衡。Mitchell将利益相关者分为确定型利益相关者(definitive stakeholders)、预期型利益相关者(expectant stakeholders)和潜在利益相关者(latent stakeholders)。柯水发(2007)通过综合各种划分把参与退耕还林工程的利益相关者分为主要利益相关者、次要利益相关者、潜在利益相关者。本书所研究的耕地生态补偿，考虑的是主要利益相关者，是与耕地保护行为有着直接、密切利益关系的群体，具体是指中央政府、地方政府、供给者(农民)、消费者(市民)。

(1)中央政府。中央政府作为最高地位的行政机构，是国家全局和整体利益的代表，为了国家的可持续发展，不仅要考虑当代人利益，与此同时也要考虑后代人利益，为子孙后代谋福利，使后代人能与当代人一样享用生态服务供给的机会。为了维护国家整体利益，中央政府颁布各种政策与制度，依靠自上而下的耕地保护政策达到保护耕地资源的目的。中央政府在追求全民利益最大化的同时，也要保证国家稳定，考虑到地方政府及其民众的满意度。中央政府土地政策的目标包括保护耕地资源和确保粮食安全，维护农民利益和保持社会稳定。

(2)地方政府。地方政府是中央政府的代理人，是中央具体制度的执行机构，能有效发挥其地方政权和行政管理作用。地方政府一方面要代替中央执行具体保护政策，另一方面也要寻求发展，发展地方经济和获得财政收入，具有发展经济诉求，保护耕地等于只让农民务农，减少耕地流转的速度，限制耕地流转将会抑制产业结构转变和经济发展机会的获得。作为具有"经济人"思维的地方政府，受区域经济发展目标的内在驱动以及地方财政增收的外在需要，与中央政府目标并非完全一致，往往会有制度执行不力行为的发生。

（3）市民与农民。耕地是农民最重要、最基本的生产和生活资料，是大多数农民维持基本生存的主要手段，也同时是耕地保护的直接参与者和耕地资源服务的供给者，而农民所耕作耕地释放的服务产品城镇居民免费享用与消费。农民和城镇居民都是理性"经济人"，以追求私人利益最大化为目的。农民与土地息息相关，土地是农民的生活保障，市民所消费的耕地产品包括实物和非实物，都和农民投入有较大关系。首先，生活必需品如食物，其品质好坏与土地质量、当地资源禀赋及其投入化肥农药的量有很大关系。其次，非市场产品（生态产品）如调节大气、净化空气、美化环境等这些供给的多少，与农地质量呈正相关，同样也与农民精耕细作有关。所以耕地资源保护不管是数量和质量上，都不能忽视农民的作用。由于耕地资源外部效益、准公共物品属性也决定了城市居民作为耕地保护的受益者，可以无偿地享受到农地保护带来的许多无形及有形的益处，成为免费公共消费"搭便车"者，而且随着生活水平提高，城市居民对生态环境需求层次提高，但没有意识到环境建设中应该承担的责任。生态补偿的建立改变以往受益者普遍存在"搭便车"心理，树立"谁受益，谁就必须付费"的生态消费观念（郑雪梅和韩旭，2006）。

4.2　耕地生态补偿对象（客体）与主体明晰

在商品经济下，存在市场交易时交易双方即是补偿主体和补偿对象，但对于市场上还不存在交易的生态产品而言，生态补偿主体是指由于对生态系统服务的利用而受益的个人或组织，生态补偿客体是因维护和改善生态系统服务而利益受损的个人或者组织（中国21世纪议程管理中心，2009）。孙发平等（2008）认为补偿主体有国家、区域和产业，补偿客体是指生态补偿的具体适用对象。

针对耕地资源来讲，耕地保护利益相关者有中央政府、地方政府、耕地保护者和享用者。由于农村土地集体所有，集体成员——农民自然享有集体土地中属于自己的一份权利，即享有使用权和部分所有权的分享，非社区成员不能分享该集体土地。因此，生态产品的提供者农民，应是生态补偿客体。但《农村土地承包法》规定，通过家庭承包取得土地承包经营权可以依法采取转包、出租、互换、转让或其他方式流转，国家保护承包方依法、自愿、有偿地进行土地承包经营权流转。因此，农地经营权发生流转的农民享有农村集体经济组织所有权的分享，但不是耕地生态补偿的对象或者说客体，提供生态产品的是种植农作物的土地使用者而不是农村集体土地的转包者，但目前流转程序不明确，对流转信息登记的缺乏，使很多承包经营者私自流转，导致补偿只能发放到土地的承包者手中，而没有发放到真正种植农作物的土地使用者手中。

集体经济组织是耕地资源所有者，应该享有耕地生态效益分享，其后再在本集体成员之间进行二次分配。比如，按照《土地管理法》规定，土地补偿费归农村集体经济组织所有，要保证村集体能留足一部分钱用于村公共福利事业和发展本村集体经济后平均归本集体经济组织的所有成员。

地方政府虽不是耕地产权主体，但是独立的经济主体，有发展地方经济诉求，为了保护耕地，失去了发展经济的机会。耕地保护产出效益的公共产品特性，使其既没有税收也没有土地出让金，导致保护耕地资源的机会成本较高。针对当地政府所做出的经济牺牲，其他承担较少耕地保护责任的政府应给予补偿，以保证区域间利益均衡。

耕地是农民最基本的社会保障，作为耕地资源保护的主体地位，应该是保护的客体，但耕地生态补偿的受益主体是全体公民，是所有生活在这个社会上的自然人。因此，耕地生态补偿主体是分享了耕地保护效益，但未承担耕地保护任务的地区或者个人，即除了耕地种植者以外的所有自然人或者地区。中央政府代表全体公民利益，每一项环境保护目标代表中央政府利益诉求，中央政府是补偿主体，地方政府是作为中央政府政策实施的管理者，对保护区建设有积极贡献，为了保护耕地资源的开发利用，需要牺牲当地经济发展，作为受损者，地方政府也应该获得相应补偿，成为补偿客体；但区域地方政府之间总有保护和受益的二元选择，所以地方政府也可能成为补偿的主体。

总之，耕地生态补偿客体包括耕地的使用者或者种植者、拥有耕地承包经营权的农户、拥有耕地所有权的农村集体经济组织。由于生态环境效益的受益者处于不同区域层次，则承担过多耕地保护责任的地方政府也是耕地生态补偿客体。耕地保护主体是所有受益者或者享用者，包括市民和承担较少耕地保护责任的地方政府。生态补偿主体与客体的明确能让民众知晓政策目标、资源来源与用途，唤醒与提高民众参与保护耕地资源的积极性和热情。由于环境产品属于公共产品，因此各利益相关者需要依靠国家法律、法规来明确各自权责。

4.3　利益主体间博弈关系分析

博弈论是研究相关主体相互作用与影响时的决策以及决策均衡问题的理论，是关于理性行为者在策略性环境里或博弈中采取怎样的行动使自己效用最大化的系统研究。任何一个行为者所采取的行动将对其他人的行动产生影响，当理性个人做出策略性决策时，要考虑到其他人所采取的决策，每个行为者知道何种决策对自己最有利之前，首先要了解其他行为者的行动，个人效用不仅依赖于自己的选择，也同样依赖于相关其他人的选择。一个完整博弈问题包括参与人、参与人的战略集、参与人的支付（可用效用表示）、博弈进行信息、结果和均衡等基本要素（杰弗瑞等，2005）。参与人在博弈中通过策略选择追求效用最大化。本书所分析耕地生态补偿利益直接相关者，即生态产品供给者与消费者，在不同的策略组合（结果）下两个参与人利益往往是不同的。若通过合理的制度设计，使各博弈方相互配合，获得个人利益最大化，同时实现社会利益最大化，在主体之间和主体内部形成一种近"变和博弈"，对确保粮食安全、生态安全和实现区域之间利益均衡具有重大意义。

4.3.1　供给者与消费者之间博弈

耕地资源具有准公共产品属性，该属性决定了其面临供给不足、拥挤和过度使用的问题，当公共产品供给时，"搭便车"现象屡见不鲜，将会导致资源的供给不足、配置无效率。

1.博弈假设

（1）局中人及"经济人"假设。局中人指博弈中独立决策和承担结果的个人或者组织。本博弈研究中局中人是种植农作物的农民和从事非农业生产和生活的市民。在耕地生态补偿中，虽然所涉及农户和市民是数以万计的，而且同一主体目标函数具有差异性，但理论上认为同一主体差异不会太大，反映问题基本上也应是一致的。因此，认为农民和市民是博弈的决策主体。

（2）策略空间集合假设。策略是局中人进行博弈的手段和工具，每位局中人在进行博弈时，可以有很多的选择，本书中参与人农民有两种选择策略：保护与不保护。而市民作为耕地正生态效益的使用者和消费者，作为理性经济人的假设，期望自身经济利益或者效用最大化，市民要进行（补偿，不补偿）两种策略选择。

（3）博弈行动次序。博弈行动次序指参与人的行动先后顺序，且后行动者在自己行动之前能够观察到先行动者的行动，局中行动顺序不一样，均衡结果会不一样，因此，博弈行动选择先后顺序是做出正确决策的前提。根据目前我国的耕地保护政策，农民先进行耕地保护，市民做出最后决策。

（4）博弈的得益。当所有参与人采取策略确定以后，参与人各自就会有相应的收益，本博弈是市民和农民的收益状况。

2. 模型分析

农民 A 把土地作为生活保障，期待能从农地中获得更多更高收益。为追求短期较低经济利益，农药、化肥的过度使用污染土壤及水源，但这种污染在短期内不会对生活造成影响，而且能从这种生产模式中获得收益。可以看出农民行为具有短期性与功利性。就目前而言耕地资源经济比较利益较低，经济压力导致农民保护积极性不高，因此农民选择了兼业化经营、粗放经营，甚至实行抛荒、撂荒。而新一代年轻人期待农地城市流转，这样能获得较高经济利益。保护耕地资源，转变农业的生产方式，实现资源保护和优化或者在家种地放弃务工则获得收益为 a，不保护获得经济利益为 b，则经济利益 $b>a$。市民生活较富裕，一般经济生活水平越高其对生态环境越关注，更关心自己的生活状态与环境。因此，耕地所提供的准生态产品就成为一种需求，比如农地提供的清新空气、休闲观光、消遣娱乐等功能，很多人愿意为得到这些耕地提供非市场生态服务支付费用。当然受益人同样也有两种选择，给予提供者补偿使其继续消费生态产品或者不补偿宁愿放弃生态产品的消费。受益者在供给者不进行资源保护时收益为 c，在保护时收益为 d，则 $d>c$。假设补偿时补偿额度为 x，则以上两个参与人形成一个博弈矩阵（表 4-1）。

该简单博弈矩阵中，供给者最大经济收益为 $b+x$，也就是说供给者占优策略是不保护，而消费者在四个收益中最大为 d，所以占优策略是不补偿，不论供给者选择保护与不保护，消费者都选择不补偿。无论其他参与者如何选择，不保护不补偿（b, c）的占优策略组合就是该博弈均衡结果。经过很多次博弈结果，纳什均衡结果仍然是（不保护，且不补偿）。假设（保护，补偿）双方得到的利益为（$a+x$, $d-x$），社会总福利水平得以增加，如果 $b-a<x<d-c$，则双方参与者福利水平得到增加，结果达到帕累托改进，进入资源与利益最优配置状态，但不是纳什均衡状态，说明个人最优与社会最优之间存在不一致。（保护，不补偿）能提高社会整体的福利水平，但供给者利益被剥夺，致使供给者保护不具有积极性与主动性。

表 4-1　供给者与消费者的简单博弈

类别	策略	供给者(农民)			
		不保护		保护	
消费者(市民)	不补偿	c	b	d	a
	补偿	$c-x$	$b+x$	$d-x$	$a+x$

4.3.2　政府间的博弈

1. 中央政府与地方政府

为保护稀缺耕地资源,中央政府制定一系列耕地保护政策,并监督地方政府执行,以降低耕地流转概率,增加耕地流转的困难性,共同完成保护耕地资源的目标。地方政府是具体制度执行机构,充当代理人角色,根据中央政策具体实施和积极落实耕地保护制度,但耕地经济效益低下,耕地非农化带来的巨大比较经济利益,对一个追求利益最大化的理性"经济人"充满了诱惑。即在中央政府与地方政府进行耕地资源的保护的"委托-代理"关系中,地方政府不会自觉的保护耕地资源,仅在中央政策行政命令和强制目标责任约束之下或者有利可图的情况下,地方政府才会按照中央政府的决策,履行其职能和责任。

1)模型要素和基本假设

(1)博弈参与人:中央政府和地方政府。

(2)策略集合:策略是参与人行动选择,它规定参与人在什么时候选择什么行动。假设中央政府与地方政府是一种合同关系,中央政府选择委托地方政府或者不委托,地方政府可以选择完全保护或者不完全保护。

(3)博弈行动:鉴于我国耕地资源保护的实际情况,该博弈行动是起始于中央政府。

(4)博弈得益:是博弈参与人的支付或效用,特指在一定策略组合下参与人能得到确定效用水平或者期望效用水平。本博弈是在相应的策略下中央政府和地方政府所得到的效用。

(5)假定中央政府和地方政府都是理性经济人,能依据效用最大化制定目标。中央政府会对地方政府进行监督,若发现没有完成中央政府制定耕地保护目标,则会对地方政府进行惩罚。假定局中人对自身在各种情况下的损益是清楚的,中央政府和地方政府的决策均由双方独立做出,一方在选择策略时不能确定另一方的策略选择。

2)模型分析

仅对博弈的一个阶段进行分析,并建立两个博弈方之间的模型。为坚守 18 亿亩耕地红线,中央政府分配非农建设占用耕地指标,希望地方政府按照中央指令完成目标,而地方政策有两个纯策略选择:保护或者不完全保护(有违规现象发生),中央政府面对地方政府两个策略选择也有两个选择:监督与不监督。当地方政府保护时,获取较少利益为 V;不完全保护时则获利 U,则 $U>V$,因为即使中央政府不强制保护,地方政府也会出于本地粮食安全考虑,会保护较少部分耕地资源,不会把耕地资源完全转变成建设用地。所以当地方政府保护时,中央政府得益为 A,不保护时得益为 a,显然 $A>a$。中央政府为确保全社会可持续发展，确保耕地资源保护目标实现，可能会对地方政府进行监督，监督成本为 t，当地方政府违规将会被罚款 w。中央政府与地方政府之间博弈模型如图 4-1 中博弈树所示。

在中央政府进行监督检查时，存在投机行为的地方政府，可能存在不被查处的概率，使其得益和不监督时完全一样。根据博弈树可知：

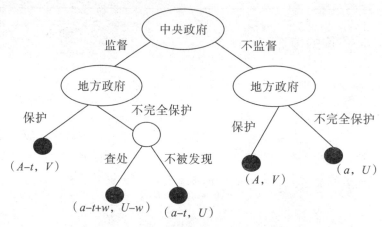

图 4-1　中央政府－地方政府博弈模型

（1）如果中央政府不监督，中央政府则期望保护活动收益为 A，地方政府则会选择不完全保护，活动收益为 U，两者的均衡为（保护，不完全保护），难以达到纳什均衡。

（2）当中央政府监督时，若不被查处，则中央政府期望保护收益 $A-t$，而地方政府选择不保护获得 U，若被查处时中央政府与地方政府获益 $(a-t+w, U-w)$，仅有 $V>U-w$，地方政府才会选择保护策略，即必须加大处罚力度，则才会可能促进地方政府保护。但与此同时，又存在投机，获得不处罚的机会，即获得 U 的收益机会。因此，只有中央政府加大处罚力度，发现并查处的概率较大时，才可以达到均衡状态。在监督检查时，由于我国中央政府存在信息缺失和制度不完善，导致地方政府违规成本较低，两者达到纳什均衡可能性不大。

发达地区具有明显的比较优势，一般中央政府对经济发达地区分配的建设占用指标较多；而地区资源丰裕的地区，由于经济发展较缓慢，下达的指标较小，造成该地区保护的责任较多，进一步又限制了当地产业结构转变、经济发展。履行保护责任较多区域受到限制越多，其相关群体利益就会出现"暴损"，而保护责任较少区域出现土地"暴利"现象。在缺乏相关制度平衡和调节下，保护责任较多区域的地方政府要积极落实中央决议就意味着收益损失。因此，地方政府倾向于运用各种操作方法规避中央制度所带来的限制。胡耀岭等（2009）通过中央政府与地方政府间的博弈分析，认为只要中央政府勤于执法、善于执法、加大处罚力度，就能提高社会整体福利水平，并切实有效，但同时也通过一些法律规程表明中央政府的监察不具有明显的法律威慑力，地方政府（尤其是地方政府领导）的违规成本很低，选择违规行为的预期价值很高。郑培、朱道林等（2005）从公共选择理论角度分析，认为地方政府公共决策偏向、内部性以及寻租行为导致耕地保护中政府失灵。国土资源部副总督察甘藏春在"保增长、保红线行动"成效座谈会上表示目前地方政府仍是土地违法案件主角。在缺乏经济补偿制度的前提下，中央政府与地方政府博弈不存在策略纳什均衡，任何一种策略组合都有一个博弈方可以通过单独改变策略而得到更好收益(林勃，2009)。

2.地方政府之间博弈

在区域层面，由于社会经济发展的开放性和环境保护效益的扩散性，履行保护责任较多地区政府与履行保护责任较少区域政府之间是保护者与受益者关系，其存在福利"暴损"与"暴利"。面对耕地资源保护，地方政府存在着推卸责任，不断谋求实现自我利益最大化和自身政绩最大化的现实思考，因此，地方政府决策对耕地保护效果具有直接影响。政府之间博弈与耕地生态产品的供给者与消费者之间博弈情况相似。毛显强和钟瑜(2008)认为若参与人博弈进行一次或者有限次，即使合作能使各种福利水平得以提高，而且也能达到社会最优，但出于个人理性追求或者个人得益，在没有外在强制力情况下，合作状态不能实现，这种没有满足纳什均衡的协议或者生态补偿制度安排不具有制度效力。即使在博弈或者自由协商时达成一致，但最终往往难以达成保护—补偿协议，需要第三方中央政府在法规和政策层面提供协商与仲裁。中央政府通过构建激励的利益分配机制，充分发挥政府管制和市场机制的双重作用，将强制性政府行政管理手段与自发要素配置流动市场机制相结合，实现相关利益主体间福利均衡(蔡银莺和张安录，2010)。

4.4　耕地生态补偿博弈路径选择

耕地资源承担着重要职能，是国家粮食安全和生态安全的重要保障。准公共产品的特殊性决定了耕地利用的私人最优决策与社会最优决策存在不一致，难以达到土地资源配置的帕累托最优。耕地保护的直接相关者农户与地方政府对保护耕地态度含糊，不具有积极性的动力，必须依靠政府中介进行协商，通过相关制度安排，才能达到调整相关者直接利益关系，由全社会共同承担耕地保护的社会巨大成本。该制度激励供给者继续供给和限制生态产品过度使用，解决拥挤和"搭便车"现象，从而实现生态效益与经济效益的"双赢"目标。虽然政府介入，但不能依赖政府行政效力强制执行，必须依赖生态产品供需确定这一经济利益的分配关系。

作为耕地保护的直接实施者农民，被补偿的原因是由于其提供了公共服务产品，保护责任较多区域政府得以补偿的原因是其发展权利受限，为了公共利益需要限制了农民及农民集体部分发展权利，造成农民及农民集体权益损失。生态补偿制度的建立可以鼓励农户、集体等权益相关主体与地方政府共同参与耕地资源保护制度，提高耕地保护的认知程度，严格限制或剥夺相关群体使用资源和发展空间的权利，将侵害保护责任较多区域的群体利益，导致不同区域之间利益群体福利非均衡，违背环境公平决策，导致发展效率低下。根据不同利益主体在制度安排后可能产生的福利损益，兼顾效率和公平、社会福利最优、帕累托改进等衡量补偿标准，细化并理顺耕地转用过程中的功能、权利及利益转换关系。分析耕地保护中不同利益主体行为趋向及利益诉求，以至于发展权收益在地方政府、集体以及农户间进行科学合理分配(姜广辉和孔祥斌，2009)，促成相关群体在公正有效的制度平台上进行利益博弈均衡，实现相关群体福利转移，实现经济发展与资源环境保护的和谐统一。

因此，依据耕地资源保护相关利益主体之间博弈协商过程，依托政府中介的耕地资源生态补偿可以解决资源的供给不足的问题。依据利益主体之间关系和划分把耕地生态补偿分为区域内部耕地生态补偿和宏观跨区域之间的补偿。耕地生态补偿制度建立的核心问题是如何量化耕地生态补偿额度(图 4-2)。

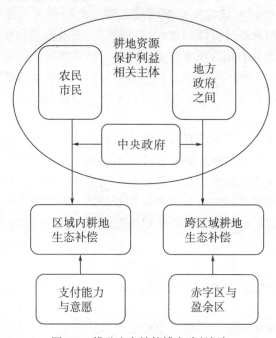

图 4-2　耕地生态补偿博弈路径框架

耕地理论生态服务价值量非常大，虽然是保持生态服务可持续供应的补偿额，但按照此标准进行生态补偿可能既不合理也不现实。生态补偿额度必须使其能更符合人类发展需求，是在政府预算约束下对生态服务的需求。生态补偿具有社会性，是在一定经济发展水平下，人类生态环境意识水平达到一定高度下产生的经济补偿机制，因此，补偿标准的确定和人类的认知、需求层次、经济发展水平和地块的自然特征等有密切关系。总之，生态补偿标准的确定既要考虑生态系统所提供的服务，也要考虑补偿主体的支付意愿；既要体现生态保护效益和保护成本，又要考虑不同地区发展水平、经济承受能力和支付能力；既要体现区域之间的公平，也要考虑资源配置的效率。

对于任何耕地而言，耕地生态补偿中农民是补偿的主要对象，补偿时首先需要考虑农户的补偿期望，只有符合农户意愿的补偿才能真正有效地调动其保护耕地的积极性，因此，耕地资源保护者和收益者作为理性的"经济人"，其目标是私人利益最大化，只有满足双方利益，才能真正使制度发挥功效。政府作为全体公民利益的代表其目标是整个社会福利最大化，而在保护者和受益者自由协商与博弈难以达成保护补偿的协议时，往往需要代表公共利益的政府出面提供协商与仲裁，依据供给者的需求意愿和消费者的支付能力与意愿，由双方博弈确定。

中国规划管制和建设占用指标，按省域下达到省，由省级进一步下达到县级，最后落实到村，再到地块，行政制约所形成的区域保护量和保护率不均衡在一定程度上限制了落后区域经济发展,致使区域间耕地保护存在公平性缺失(陈旻等,2009)。发展受限地区产业发展受限导致地方财政收入、就业机会丧失及区域经济增长机会丧失。就业机会丧失导致人口迁移最终造成地方公共服务的外溢。地方政府之间的补偿依赖于受损与得益,但是社会经济环境和市场的复杂性与不确定,很难从受限地区经济发展损失中剥离出哪些是由于履行保护责任多造成的,对于得益地区来说,也很难估计 GDP 增长、容纳的就业人口及其他公共服务中剥离出受损地区所作贡献。

对于宏观区域之间的补偿,政府之间转移支付可以通过间接生态赤字与盈余来确定,耕地保护主体消费者与供给者之间的支付意愿与受偿意愿能有效解决这一问题。该区域支付意愿说明消费者愿意为享受到耕地所提供服务支付的费用,而受偿意愿说明供给者认为自己提供服务应值金额。支付意愿与受偿意愿可能存在赤字与盈余,若支付意愿大于受偿意愿,意味着该区域消费者消费了其他区域耕地所提供的服务;若支付意愿小于受偿意愿,意味着其他区域消费了该区域耕地所提供的服务,从而能确定该区域应得到补偿或者应支付补偿,实现各区域相关利益主体间福利均衡及耕地生态保护责任共担、效益共享。

第5章 耕地生态补偿额度测算方法及实验设计

评价生态系统服务是决策的基础，能激励农业用地管理者与保护者，提供或维持生态系统服务在不同水平上。农田生态系统提供清新的空气、优美舒适的环境、开阔的空间等生态服务产品，然而这些生态服务更多外部于经济主体，造成耕地生态服务无法在市场中体现。受益者无需向保护者或者管理者支付任何费用就可以获得这种效用，造成生态保护者缺乏积极性，最终导致生态效益或生态服务的供应量减少，社会福利损失。因此，应寻找一种评价耕地生态服务的方法，促使外部于经济主体的服务通过市场交易和价格机制反映出来，从效率和公共角度激励耕地生态服务的供给者，使社会福利共享。

1997年Costanza等学者在 *Nature* 上发表了全球生态系统服务价值的研究成果后，有关生态系统服务价值的评价成为当前生态学与生态经济学研究的前沿课题(马爱慧等，2010a)。Constanza按20种不同生物群区将生态系统服务功能用货币形式进行测算，从而推算出每一类子系统的服务价值(马爱慧等，2010b；Constanza，1997)，国内许多学者(欧阳志云等，1999；李晓光等，2009)采取机会成本法、市场价格法、影子价格法、碳税法、重置成本法等对生态系统服务价值进行评估(赖力等，2008)；顾岗等(2006)以影子工程法，用南水北调水源地建设所消减的污染物数量来估算水源地生态功能区建设所带来的外部正面效益；刘青(2007)运用替代市场法对江河源生态系统服务价值进行评价；赵荣钦等(2003)利用该方法评价农田生态系统功能与价值；蔡银莺和张安录(2007a、2007b、2010)用假想市场方法评价农田非市场价值；谢贤政等(2006)应用旅行费用法评估黄山风景区游憩价值；徐中民等用选择实验法对黑河流域额济纳旗生态系统管理进行评价(徐中民等，2003)。总之，可以把方法大体上分为两个方面：客观评价法(objective valuation approach)和主观评价法(subjective valuation approach)。客观评价法主要是通过市场价值法对环境进行估算，又可分为实际市场评估法和替代市场评估法；主观评估法主要是模拟市场评估技术，通过人为地构造假想市场来衡量生态服务和环境资源价值(戴星翼等，2005)。模拟市场评估技术又称假想市场评估方法(hypothetical market approach)，是无法通过市场交易和市场价格进行评估的一种主观陈述偏好法，其代表性方法是条件价值法(contingent valuation method，CVM)和选择实验法(choice experiment，CE)。本章主要针对主观模拟市场评估技术进行介绍，并利用这两种方法评价耕地生态服务的价值。

5.1 条件价值法

5.1.1 条件价值法介绍

条件价值法是国际上资源环境物品和生态系统服务价值评估研究最主要的方法之一(李莹，2001)。近年来，该方法在理论和实践上都有很大的发展。CVM方法随机选择部分家庭或个人作为样本，以问卷调查形式通过询问一系列假设问题，模拟市场来揭示缺乏市场的资源环境公共物品的偏好，偏好通过询问人们对于环境质量改善的支付意愿（willingness to pay，WTP）或忍受环境损失的受偿意愿（willingness to accept，WTA）来表达，确定生态补偿量，最终赋予资源环境价值。

在提供的环境服务产品一定的情况下，所期望的 WTP 与 WTA 如图 5-1 所示（章铮，2008）。图 5-1 表示在既定的货币收入 M 以及外生变量环境质量 E 约束下，消费者为维持效用水平不降低或者追求效用最大化的图形变化。每条等效用曲线上所带来的效用和满足是相同的，对于 A 点来说，此时环境状况为 E_0，所对应的货币收入 M_0，效用水平为 U_0。若环境状态从 E_0 状态降到 E_1 状态，在货币收入一定的情况下，单个消费者为环境质量下降而愿意接受补偿最小值即是 D，B 两点的差额，即在新的环境状态水平下，回到原来效用函数曲线时所增加的货币收入，此时为受偿意愿 M_2-M_0。可以从图 5-1 中看出 M_2-M_0 是最小受偿额度。因为低于 M_2-M_0 的效用水平回不到原来效用水平函数曲线上，当然大于 M_2-M_0 的效用水平函数曲线是可行的，消费者也绝不会排斥效用水平高于 U_0 状态。

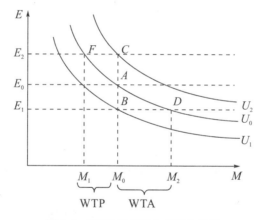

图 5-1 WTP 与 WTA 之间的关系

同样环境质量上升为 E_2 水平，在一定货币水平 M_0，单个消费效用水平增至 U_2。环境质量提高而愿支付的最大值为 C 与 F 之差，即在新的环境质量水平下回到原来效用函数曲线所减少的收入 M_0-M_1。M_2-M_0 与 M_0-M_1 即为 WTA 与 WTP，其表示在环境质量发生改变后，为避免环境品质对消费者影响或者接受环境质量变差情况下，人们愿意支付或者愿意接受的补偿额度。

有关意愿调查评估法研究表明：支付意愿和受偿意愿之间存在着极大的不对称性，支付意愿（WTP）比接受赔偿意愿（WTA）的数量低几倍（通常是 1/3）。虽然 WTP 和 WTA 是 CVM 研究中引导环境物品偏好和表征环境物品价值的两种不同尺度，但评估结论可能相距甚远。

20 世纪 80 年代，许多经济学家对某一环境质量变动时被调查居民的支付意愿与受偿意愿差异性进行比较。研究显示，受偿意愿应该比消费者剩余稍高些，受访者在要求补偿时可能夸大自己的损失，期待获得较高补偿；而支付意愿会比消费者剩余低一些，因为受访者不愿多支付任何费用。理论上支付意愿与受偿意愿之间差异不会太大，但事实上受偿意愿比支付意愿至少高出 50%，甚至高出 1～4 倍，有时达到 10 倍以上（章铮，2008）。

因此，意愿偏好揭示的真实性受到质疑，存在很大的争议。但在没有较好的评价非市场价值的方法下，1993 年 1 月美国国家海洋与大气管理局（NOAA）委员会最后提交的报告指出，CVM 确实存在许多尚待完善的地方，但是在严格限定条件下，CVM 不失为一种非市场价值评估的重要方法（王瑞雪等，2005）。

CVM 依据事先填好的问卷和支付策略诱导出消费者对某一物品的支付意愿或者受偿意愿。可以看出条件价值法的核心就是问卷，通过问卷诱导出受访者的意愿，问卷设计的假设、开展的方式和策略等均可能影响 CVM，问卷设计的好坏，决定结果的准确性。因此，问卷必须精心设计，不断探索和完善评估技术。好的问卷可以减少偏差，提高调查结果的准确度，从而减少人们对这一主观方法的质疑。

5.1.2 CVM 偏差

条件价值法是在假想市场情况下对非市场价值进行评估，但并没有实际交易行为的发生，因此可能产生偏差影响调查结果，特别是信息偏差、起点偏差、假想偏差等这些偏差为非市场价值量化带来较大困难。

针对人们认知能力有限，特别是经济落后地区被调查者对环境问题了解得很少或者根本不了解，信息偏差是在解释过程发生理解偏差或者所提供的资料不充分，致使受访者仍然对以前没有发生过的假设事情持怀疑态度，不容易接受新鲜事物。降低此偏差的方式，可以在问卷预调查后加以修正，在正式问卷调查实施时提供正确及充足的信息。

起点偏差是在问卷设计时支付或受偿区间起点值的设定，太低太高都不能很好揭示消费者偏好，特别是在竞价法中，调查人员给出一组支付价值的数值后，当受访者对估价环境不熟悉或者对整个问卷缺乏耐心，希望早点结束时，调查人员的起始出价可能影响受访者最终的出价水平。

假想偏差是在假设市场环境下受访者对非市场资源环境产品进行估价，由于环境产品从没有在市场上体现出来，甚至没有听说过，不可能做到在假想市场的情况下，准确的估算出资源环境产品支付意愿或受偿意愿。减少误差的方式就是增加受访者对假想市场的充分了解，使其完全进入假想市场条件下，估价值和真实值差距就会减小。

虽然条件价值法可能产生以上偏差，但如果通过问卷设计的不断修正以及调查人员详细解释调查背景，能将偏差控制在一定范围之内，从而提高 CVM 准确性。

5.1.3 经济模型

事实上，条件价值法就是为了获得某商品的效用愿意支付的费用或者希望得到多少费用能放弃该效用，这就是最高支付意愿 WTP 与最低的受偿意愿 WTA。其数学表达式如下（张可盈，吴淑丽，陈钧华，2003；刘亚萍，2008）：

$$WTP = F(P,Q^1,U^0) - F(P,Q^0,U^0)$$

式中，P 为价格向量，Q^1、Q^0 分别为环境改变前后的品质，U^0 为环境改变前后的效用水平，$F(\ )$ 函数为个人支出函数。

WTP 式中即为 Hicks 的补偿变量（compensation variation），在其他商品价格不变时，消费者为了维持原有的效用水平 U^0 不发生变化，在环境发生变化后，所愿意支付的金额即为补偿量。WTA 为 Hicks 的均等变量（equivalent variation），是在价格改变后，在原价格下，为维持价格改变后的效用，避免环境恶化，所需增加或减少的数额。

对于支付卡式，一般 WTP 和 WTA 的计算，Hanemann 认为可以使用平均值或者中位数进行数据加总，个体 WTP 和 WTA 转化为群体总价值。

为避免开放式存在的一些缺陷，1979 年 Bishop 和 Heberlein 设计二元选择诱导支付方式，对于封闭式（close-ended）出价法可以引进最大似然概数（maximum likelihood）进行分析。美国国家海洋和大气管理局在（NOAA）的 CVM 高级委员会将二分式选择问题格式推荐为 CVM 研究的优先问题格式（刘治国和李国平，2008）。二分式选择法可分为单边界二分选择法（single-bounded dichotomous choice method）与双边界二分选择法（double-bounded dichotomous choice method）（谢静琪和简士豪，2003）。1979 年 Bishop 和 Heberlein 提出单边界二分选择法，该方法只需受访者回答单一参考价格愿意（Yes）或者不愿意（No），每一位受访者真实意愿不需直接询问出来，而是 WTP 或者 WTA 被间接估计出来。虽然该方法使访问过程较为容易，但调查结果的效率降低，不能较为准确测度受访者偏好与意愿。1984 年 Hanemann 首先提出双边界二元选择法。双边界二分式选择法是询问受访者二次是否愿意支付或接受某一特定金额 B_i。第一次询问为被调查者提供一个投标值，让其回答"愿意"或"不愿意"，第二次是依据第一次回答的意向作为第二次询问调整时的参考依据。对于支付意愿 WTP 来说，当受访者第一次回答的是"愿意"时，则第二次询问另一较高的投标值 B_i^H，否则为其提供另一个较低投标值 B_i^L，即 $B_i^L < B_i < B_i^H$；对于受偿意愿（WTA）来说，当受访者第一次回答的是"愿意"时，则第二次询问另一较低投标值，否则为其提供另一个较高投标值。对于 WTP 或者 WTA 来说，被调查者的回答将有四种可能：愿意-愿意，愿意-不愿意，不愿意-愿意，不愿意-不愿意。

以支付意愿为例，B_i^L、B_i、B_i^H 是可观察的断续的数列，而受访者真实的支付意愿是无法观察到的数列，假设受访者 i 的实际支付函数为线性的，$\text{WTP}_i = X_i\beta + \mu_i$

WTP_i 为最大的支付意愿（$i=1，\cdots，n$），X_i 为影响支付意愿的解释变量，β 为影响解释变量的系数，μ_i 为残差项，服从正态分布 $\mu_i \sim N(0，\sigma^2 \mathrm{I})$。

如果用指标 T 表示对给定数额 B_i 后的反应，假设愿意支付表示 $T=1$，不愿意支付 $T=0$，调查者回答以上四种情况概率分别为 Pr^{11}、Pr^{00}、Pr^{10}、Pr^{01}。

$$Pr^{11}(B_i, B_i^H; \theta) = Pr\{B_i \leqslant \text{WTP} \text{ 且 } B_i^H \leqslant \text{WTP}\}$$
$$= Pr\{B_i^H \leqslant \text{WTP}\} = 1 - G(B_i^H; \theta)$$
$$Pr^{00}(B_i, B_i^L; \theta) = Pr\{B_i > \text{WTP} \text{ 且 } B_i^L \geqslant \text{WTP}\}$$
$$= G(B_i^L; \theta)$$
$$Pr^{10}(B_i, B_i^H; \theta) = Pr\{B_i \leqslant \text{WTP} \leqslant B_i^H\}$$
$$= G(B_i^H; \theta) - G(B_i; \theta)$$
$$Pr^{01}(B_i, B_i^L; \theta) = Pr\{B_i^L \leqslant \text{WTP} \leqslant B_i\}$$
$$= G(B_i^L; \theta) - G(B_i; \theta) \tag{式 5-1}$$

其中，G 为参数 θ 的累积密度函数，并为 Logit 分布，$G(B；\theta) = \dfrac{e^{(B-X\beta)}}{1+e^{(B-X\beta)}}$，$X$ 为解释

变量，$\theta=\beta$ 为 X 的系数。

若受访者有 N 个人，B_i^L、B_i、B_i^H 是受访者面临的选择金额，则对数似然函数可写成：

$$L(\theta) = d_i^{11}Pr^{11}(B_i,B_i^H,\theta)d_i^{00}Pr^{00}(B_i,B_i^L,\theta)d_i^{10}Pr^{10}(B_i,B_i^H,\theta)d_i^{01}Pr^{01}(B_i,B_i^L,\theta)$$

式中，d_i^{11}、d_i^{00}、d_i^{10}、d_i^{01} 为 0 或者 1 的常数，如果两次都回答愿意，则 $d_i^{11}=1$，否则 $d_i^{11}=0$。

如果两次都回答不愿意，则 $d_i^{00}=1$，否则 $d_i^{00}=0$；如果第一次回答愿意，第二次回答不愿意，则 $d_i^{10}=1$，否则 $d_i^{10}=0$；如果第一次回答不愿意，第二次回答愿意，则 $d_i^{01}=1$，否则 $d_i^{01}=0$。

$$\ln L(\theta) = \sum_{i=1}^{n} \{d_i^{11}\ln Pr^{11}(B_i,B_i^H,\theta) + d_i^{00}\ln Pr^{00}(B_i,B_i^L,\theta) \\ + d_i^{10}\ln Pr^{10}(B_i,B_i^H,\theta) + d_i^{01}\ln Pr^{01}(B_i,B_i^L,\theta)\}$$

求待估计参数，则令 $\dfrac{\partial \ln L(\theta)}{\partial \theta} = 0$，求出 θ 系数。

因此，综合个体社会经济特征，支付意愿可以表示为

$$\text{WTP} = \frac{\ln\left[1 + \exp\left(\alpha + \sum_k \gamma_k X_k\right)\right]}{-\beta}$$

5.2 CVM 实验设计与抽样调查

问卷设计作为一个过程，必须经过细心准备、反复推敲才可能完成。被调查者是问卷调查的核心，因此，问卷设计要从被调查者角度出发，减少回答问卷的困难性和麻烦，并了解不同层次不同价值观人群对调查内容的不同反应，考虑不同调查对象可能出现的困难和障碍。为了得到准确而又合理的问卷数据，不断对问卷进行修正，改进问题的提法，完善调查者的提问方式。通过预调查，了解遗漏问题或者比较抽象、含糊、不清楚、不恰当的问题，对问题改进与弥补，再进行试调查，不断修改。

5.2.1 抽样调查

抽样调查是从研究对象的总体中随机抽取一部分个体作为样本进行调查，并据以对全部调查研究对象做出估计和推断的一种调查方法。抽样调查方式有多种，可分为报刊式问卷、邮寄式问卷、访问式问卷、电话式问卷等。根据问卷效果和回收率，本调查采用面对面访问式调查，调查员按抽样方案要求及事先设计好的问卷，随机选取辖区内全体社会公众作为被访者，面对面地直接访问。面对面访谈式调查优点是受过专业培训调查者直接与被访者接触，可以观察被调查者回答问题的态度、语言、表情等外在特征，掌握被调查者对非市场生态环境的价值态度与偏好。只要抽样样本满足该方法容量要求，且样本具有代表性，就能够得到较高有效回答率。对于不符合要求的答案，可以由调查人员当时予以纠正，对于一些拒绝回答者，调查人员给予不断解释，让回答者明白该问卷所涉及问题的重要性。

5.2.2　调查目的与内容

了解调查目的是问卷设计的基础，研究者根据研究假设确定需要了解调查对象的属性和特征，能准确对问卷进行定位。本调查问卷分为两套：农民和市民。作为耕地直接使用者和耕作者，农民直接以土地作为基本生活来源和社会保障，是耕地生态价值保护者和提供者。而耕地外部性溢出、准公共物品属性也决定了城市居民作为生态效益的受益者，可以无偿地享受到保护耕地所带来的许多直接、间接或者市场、非市场益处。耕地资源保护不仅对农民，同样也对城市市民生活质量和生活环境有很大影响，而城市市民并没有为此付出任何代价就直接享有这部分效益，城市市民应为所消费的效益买单。所以，设计两套问卷来了解不同主体对所提供或者享用生态效益的受偿或者支付意愿。调查的主要目的是解决本书需要研究的问题。本书想解决生态补偿额度、支付主体如何支付的问题，以及生态补偿额度的主要影响因素等问题，针对要解决问题，做出问卷设计相应设想。调查主要内容包括：

（1）第一部分，农民和市民对耕地正生态效益和负生态效益的认知状况。一方面，农业除了确保粮食和其他农产品供给之外，还发挥着涵养水源、防止土壤侵蚀、净化空气、提供绿色景观及传统文化继承等多种功效。另一方面，农地一直以来依赖于资源消耗和环境要素投入，对耕地实现掠夺式经营，过度过量地使用化肥、农药、农膜、地膜，片面追求产量增长，以获得短期经济效益，扰乱了自然界原有能量流动和物质循环，使得农业生态环境问题越来越突出。农产品品质的好坏与土地质量、资源禀赋以及所投入化肥农药的量有很大的关系。其次，非市场产品（生态产品）—调节大气、净化空气、美好环境等供给量的多少，与农地质量呈正相关，同样也与农民对耕地资源的保护与精耕细作有关。同时了解市民和农民对目前耕地资源保护现状与保护政策认识，了解受访居民对耕地未来收入预期及务工期望。

（2）第二部分，农户和市民对正效益的支付意愿和受偿意愿。虽然耕地资源具有正外部效益和负外部性效益，但总体来说，农地的正外部性大于负外部性，通过对正外部性的补偿，达到减少负外部性的目的。农民作为耕地保护的实施主体和经济补偿的受益客体，对参与耕地资源保护的支付意愿与受偿意愿认知，是生态补偿制度实施的前提条件。假设建立耕地生态补偿计划（非政府行为）的方式，专款用于保护耕地资源，鼓励耕地保护者继续保护耕地资源的积极性，维护、改善或恢复区域生态系统服务功能，降低耕地资源流转可能性，发放一定的生态补偿作为回报农田对社会带来的生态效益。与此同时，为了维护区域耕地生态服务的外部效益不减少，需以保护一定数量和质量的耕地为前提，倡导居民支援农地保护工作，以达到保护农地和维护农地环境的目的。受访居民可以根据家庭经济状况自愿选择参加义务劳动或支付现金捐款方式参与耕地资源保护，所得资金将用于修建农田水利设施、建立耕地保护补偿机制、加强环境治理等各种公益事业。

（3）第三部分，耕地资源利用过程中负效益的支付与受偿意愿。化肥农药的大量施用，在大幅度提高农产品产量的同时，不可避免地对农产品造成污染，目前人类疾病大幅度增加，尤以各类癌症大幅度上升，无不与化肥农药污染密切相关。而且目前化肥农药利用率很低，大部分进入空气，渗入土壤中和水体中，造成严重的环境污染。假设政府为保护生态环境，减少耕地利用过程中资源环境问题，提出减少传统农药化肥的施用量，为保持产量不变，必须采取新型农业生产技术，利用绿肥、家畜粪尿生物防治等方法，保持土壤的肥力和易耕性。新型农业生产模式建立需要大量资金的支持，生态补偿基金计划就是在大家共同参与下保护耕地资源，减少环境污染，受访居民可以根据家庭经济状况自愿选择参加义务劳动或支付现金方式参与耕地资源保护，减少化肥农药对自然环境与人体健康的损害。

(4)第四部分，受访居民基本社会经济特征。受访居民对耕地保护经济补偿意愿受到了与其自身有关多方面因素影响。理论上认为，受访居民对耕地保护的受偿意愿、支付意愿与居民对生态环境认识程度、受访者的个人特征、家庭特征以及整个区域的社会经济环境特征有直接或者间接关系。

针对本问卷，由于市场上不存在假想市场，出现的案例较少，而且很少能接触到，所以调查人员的解释和介绍显得尤为重要。因此，研究者应先对调查人员进行培训，可以说调查人员对调查结果的质量影响很大，调查人员需要有比较高的访问技巧和比较强的应变能力。对于比较敏感的话题，应放到最后，调查者和被调查者建立互信关系后，问题中可以涉及个人隐私问题，比如收入、年龄等。同时为消除被调查者的顾虑，告诉被调查者是在匿名情况下，不会对个人造成任何影响。

5.2.3　调查问卷设计

1. 支付区间设定

CVM 评价最重要的是揭示消费者对研究事物的偏好，是依据被访者回答实现价值评估一种方法。因此，选择合适诱导(elicitation method)模式，确定受访者愿意接受价格和愿意支付价格显得尤为重要。目前大多数文献中出价模式有竞价法(bidding game)、支付卡式(payment card)、开放式(open-ended)和二元选择法(closed-ended dichotomous choice)等。开放式引导技术直接询问被调查者的偏好，不给予任何提示，这对于生态环境认识程度不高的中国民众不合适，难以给出恰当的支付意愿，而且问卷拒绝回答率比较高。参考宋敏(2009)和蔡银莺(2007)的问卷，选择支付卡式出价模式，由于支付卡式模式难以避免起始点误差(Carson 和 Mitchell，1989)，本问卷对支付卡区间进行修正。由于农业补贴是耕地生态补偿的一种体现形式，参考农业补贴中全国粮食直补和农资综合补贴平均水平，确定支付卡的起始点。数据显示：2008 年武汉市东西湖粮食直接补贴14.14 元/亩，农资综合补贴 35.84 元/亩，总共补贴额度为 49.98 元/亩；2010 年武汉市江夏区粮食直接补贴 12 元/亩，农资综合补贴 44.34 元/亩，总共的补贴额度为 56.34元/亩；2010 年武汉市黄陂粮食直接补贴 11 元/亩，农资综合补贴 39.59 元/亩，总共的补贴额度为 50.59 元/亩，所以最终确定初始问卷调查支付意愿或者支付意愿起始点设为50 元/亩。在支付区间设定上考虑受访者心理因素和习惯，可能对有些数值偏好或者敏感。因此，尽量选用 5 的倍数作为区间末端数值。

2. 样本容量确定

随机抽样调查具有一定不确定性，在一定范围内增加样本数量可以减小这种不确定性。但是增加实验的次数所获得的信息在满足一定样本数量的前提下呈边际递减趋势，同时会增加研究的成本。因此，理论上在条件价值评估中所需样本有一个最优数量。

依据 Scheaffer(1979)的抽样公式，其抽样样本总数为

$$n = \frac{N}{(N-1) \cdot g^2 + 1}$$ （式5-2）

式中，n 为抽样样本大小，N 为抽样母体(人数)，g 为抽样误差，能接受的误差值为1%~5%(取4%)，方法为随机抽样方式。

本研究选择武汉市作为调查对象，武汉市现有十三个辖区，其中江岸区、江汉区、硚口区、汉阳区、武昌区、洪山区、青山区为中心城区，东西湖区、蔡甸区、江夏区、黄陂区、新洲区、汉南区为郊区。将整个武汉市作为母体，2009年武汉市总人口835.55万人，家庭总户数为269.9万户，其中城市人口为572.31万人，城市家庭户数195.25万户，农村人口为263.24万人，乡村户数74.65万户。利用随机抽样法抽取样本，误差取4%，总共至少需要有效样本625份。本问卷分为农户和市民两种，而农村人口占总人口的31.5%，市民人口占总人口的68.5%，为避免抗拒样本过多现象以及每个区域满足统计计算要求，农户问卷数量在原来基础上增加200份左右，因此，最终确定市民问卷调查份数约450份左右，农户问卷约为400份左右。具体每个区的样本数的分配比例依据每个区域人口数确定，当然在实际调查过程中受调查时间、经费、农村自然村、湾等居民点分布情况等调查现实情况的影响，实际调查样本数与适宜样本数会有出入，并且把经济发展水平、居民文化水平相似的中心城区作为一个整体研究。为减少条件价值评估法偏差，本书采取面对面采访形式，利用支付卡式问卷进行了预调查，并在预调查的基础上，利用支付卡式与双边界式问卷对核心估值问题进行了深入调整与研究。

5.2.4 问卷预调查与修正

1. 偏差处理

一般在设计问卷过程中，可以通过预调查的方式来评价问卷中信息理解度和实用度，进而对问卷进行修改。修改内容包括去除不容易理解信息或者将专业术语口语化，用更通俗易懂的语言表达背景信息，力求语言表达清晰准确，没有歧义。特别是受偿意愿的调查，被调查者可能会说越大越好，这时有必要提醒被调查者若他们过分夸大受偿意愿，在我国目前经济发展水平、国家财力有限情况下，真正支付时太大的受偿最终无法实现；如果夸大支付意愿，真正支付时可能无力负担，同样无法实现支付。通过预调查明确问卷的不足和问题，找出更好与被调查者进行交流的方式，更好诱导出研究问题的意愿，至少进行2~3次预调查来检验问卷设计能否达到预期效果。问卷预调查后由相关调查人员针对相关议题进行讨论，并对问卷设计及内容提出建议与修改方向，以便于正式调查访谈工作的顺利进行。

2. 确定支付方式

预调查结束，依据调查结果对支付工具、询价方式、语言表述等相关问题进行检验，不断总结改进问卷，特别是关系到CVM调查核心支付意愿价值中支付卡区间设置问题。本问卷采用面谈式问卷调查模式，特别是对生态服务价值一无所知的农民，是在不断解

释情况下，诱导出农民的意愿与偏好，支付区间也是在调查者不断询问下做出的判断，如果逐步读出预先设定的支付区间浪费很多时间，而且农民听完可能就忘记了，所以仅仅读出一部分支付数值。农民文化层次普遍不高，大部分都是小学文化程度，农民也不可能看问卷支付区间做出选择，这时就会出现调查者先给予一组数值的情况，所以通过预调查可知，运用二元选择法较合适。根据预调查的支付意愿或者受偿意愿价值给出二元选择起始点。预调查结果显示，市民更愿意看着问卷在已设置选项中做出选择，所以市民仍然采取支付卡式。

5.3 选择实验

5.3.1 选择实验法介绍

选择实验法是一种新兴的评估环境非市场价值陈述偏好的技术，该评估技术已受到环境经济学家的赞赏。选择实验是基于随机效用理论和价值属性理论，通过假想市场而不是实际行为反映支付意愿（WTP）。该方法是受到 Lancasterian Microeconomic Approach理论启发（Lancaster，1966），认为环境物品效用来源于商品属性或者特性，而不是商品本身。在经济分析中，人们经常面临许多决策问题或者称为选择问题，而且必须在可供选择中选择可行的方案，选择实验法就是对选择结果进行全面分析实现价值估算。选择实验法是由研究问题所有可能属性集组成，研究者设置众多选择集及选择集中的选项，以供受访者在每个不同选择集中选择最合适的替代情景，每个可供选择的选项是由一些属性或特征组成，其中众多属性中必然包含一个货币价值属性，即意味着改变目前状况要支付的费用。因此，当个人做出选择时，间接地做出了属性之间属性水平的权衡，能获得大量个人对该商品偏好的信息，运用经济计量模型分析某个环境商品不同属性与特征的价值，从而确定不同属性状态组合而成各种方案的非市场价值。

事实上，选择实验法起源于运输和销售行业，主要是用于研究交通运输项目和私人物品特性，直到最近才应用到环境和健康非市场商品领域。Adamowicz(1994)是第一位运用选择实验方法评价非市场价值的学者，随后，Adamowicz 等（1998a）、Boxall 等（1996）、Layton and Brown（2000）将其应用到环境方面，Ryan and Hughes（1997）和 Vick and Scott 将其应用到健康方面。Hanley 等(2006)运用试验方法评价生态环境改善后的河流价值。为了提高农业环境和健康安全，Travis 和 Nijkamp（2008）使用选择实验方法评价意大利农业中减少农药等杀虫剂的经济价值。Rambonilaza 和 Dachary-Bernard(2007)利用选择实验法评估土地规划中居民环境景观偏好价值。国内运用 CE 进行环境公共物品价值评估的案例不是很多，金建君用选择实验法评估澳门固体废弃物管理的价值(金建君和王志石，2005；2006)；徐中民等对黑河流域额济纳旗生态系统管理进行评价(徐中民等，2003)。翟国梁等以中国正在实施退耕还林工程为例，利用选择实验方法对该政策进行了评估(翟国梁和张世秋，2006)。

由于选择实验要求参与者在不同的属性状态组合间作出偏好选择，在众多属性因素和该属性因素状态下，其组合是众多的。如何从众多组合中选择较优组合，依赖于选择实验的设计。在尽可能多的样本规模下，ED(Experimental Design)能提供有效准确的评价。

Louviere和 Woodworth 使用方便的因子设计,分析农业和生物实验。利用正交实验确定选择集仍然较多时,可以采用分块技术,分成易于处理和调查的系列选择集。分块设计过程保证属性设计在统计上是独立的,但随着 ED 技术的发展,逐步对基本实验方法进行"现实"和"适宜"性修正,正交性不再是实验设计的必要特性,因此,一个好的实验设计可能不是正交的,非正交实验通过线性模型优化,同样可以从实验中获取大量需要信息。

5.3.2　选择实验步骤

选择实验应用一般包括以下几个步骤:

(1)问题的确定。对相关性研究问题进行一般性讨论,分析问题在人们心目中认知和理解以及人们对该问题的关注程度,参与者提供的信息能够确定问题的主要属性,为选择方案建立提供基础。

(2)属性及属性水平的选择。在一个选择试验中主要根据目标群体选择相关属性组合的效用大小确定选择集中方案的优越。在以往研究和选择决策中众多属性中关键属性的确定以及属性水平的定性或者定量度量成为选择模型问卷中一个重要部分。属性水平可以运用定性或者定量指标阐述,一般来说,定量表述可能更为直观,但有些属性难以定量描述或者说参与者对属性的定量描述没有概念时可以用定性来代替。此外,属性选择应遵循以下原则:①属性必须能影响受访者的选择;②属性与政策是相关的;③属性中能呈现属性水平的最小和最大的信息;④必须包含一个货币属性,例如价格与成本,以便测度福利水平与价值。

(3)实验设计。研究显示选择实验法问卷设计较复杂。如果被调查者不能够很好理解选择实验背景,或者面对成套复杂而且较多选项的问卷变得失去信心与耐心时,真实的决策偏好不大可能被揭示,从而导致价值判断的偏差。如对于 4 种属性,每种属性 2~3 个水平,依据完全因子设计,属性水平所有可能的组合有 16~54 种不同选择。如此众多的选项会造成回答人过重负担或者失去回答耐心,同时也摧毁选择的分辨能力,做出有偏选择的可能性。而且,在完全因子设计中,可能有些属性组合的决策方案本身不具备合理性,需要有所取舍。根据效用均衡和相关性,运用了部分分解方法(fractional factorial design)将众多选择方案简化为较少选择项目。Huber 和 Zwerina(1996)确定了基于非线性模型多项式的 Logit Models 高效设计,其设计原则是正交性、水平的平衡、最小的重叠、效用均衡。正交试验设计就是从全面试验样本点中挑选出部分有代表性的样本点做试验,这些代表点具有正交性,正交试验目的就是减少实验次数的同时能达到因素水平的最优搭配。正交性的表现有两个方面:均匀分散性、整齐可比性(刘文卿,2005)。实验中所考察属性水平或者状态数不可能完全相同,这是就需要采用混合水平相交表安排实验。

(4)模型分析。通常采用多元 Logit 统计分析模型(multinominal logit,MNL),该模型可以用来计算选择概率和评估某个环境物品整体价值,也可以评价代表该物品单个属性或者多重属性的边际价值变化,在属性之间可以进行比较分析。

5.3.3　经济模型

以随机效用理论框架作为基础,选择模型是个人在效用最大化框架下的离散选择(Adamowicz et al.,1994)。个人效用函数可以用下面的公式(Calpizar et al.,2001;

Carson et al.，1994；Hanley et al.，1998，2006)表示

$$U_{ij} = V_{ij} + \varepsilon_{ij} = V_i(x_j, T_j) + \varepsilon_{ij}$$

式中，U_{ij} 为消费者 i 选择方案 j 的直接总效用，V_{ij} 为消费者 i 选择方案 j 的效用的系统组成部分，ε_{ij} 为是随机误差部分，x_j 是为消费者 i 选择方案 j 的属性特征，T_j 是消费者 i 选择方案 j 的支付货币量。

在选择集 C 中消费者 i 选择方案 j 的概率可表示为

$$P_{ij}(j/C) = P_r(U_{ij} > U_{ik}; \forall k \in C)$$
$$= P_r(V_{ij} - V_{ik} \neq \geqslant \varepsilon_{ik} - \varepsilon_{ij}; \forall k \in C)$$

最大似然函数如下：

$$\ln L = \sum_i \sum_j d_{ij} \ln P_{ij}$$

式中，d_{ij} 为选择哑变量(选择 j 为 1，选择其他的为 0)。假设随机误差项 ε_{ij} 是相互独立，而是服从 Gumbel 分布，则选择概率 P_{ij} 可用多项式 Logit 模型表示

$$P_{ij} = \frac{\exp(\sigma V_{ij})}{\sum_j \exp(\sigma V_{ij})}$$

式中，σ 为标量参数，一般情况下为常数 1。

多元 Logit 模型产生的系统效用函数：$V(x, T) = \sum_p \beta_p x_p + \beta_T T$，$x_p$ 是相关选择的属性特征，β_p、β_T 分别为选择属性和经济特征的估计系数。上式可以写成

$$\sum_p \frac{\partial V}{\partial x_p} dx_p + \frac{\partial V}{\partial T} dT = dV$$

在 MNL 模型估计基础上及效用水平最大化时下 $dV = 0$，环境物品各个属性价值(WTP)可表示为

$$MWTP_p = \frac{dT}{dx_p} = -\frac{\partial V}{\partial x_p} / \frac{\partial V}{\partial T} = -\frac{\beta_p}{\beta_T}$$

而各个属性组合方案价值可以用初始效用状态偏好与最终效用状态偏好的差异表示

$$CS = -\frac{1}{\beta_T} \left| \ln \sum_i \exp V^0 - \ln \sum_i \exp V^1 \right|$$

5.4　CE 选择实验方案设计

5.4.1　耕地生态补偿项目调查情景

根据 Lancaster 理论，消费者选择商品是基于商品提供的服务，服务的差异是由于商品质量属性、环境属性或者品牌属性的差异(Lancaster，1996)。耕地资源作为一种稀缺的、人工生态系统，除了具有生产功能之外，更具有社会和生态功能，丰富而优质的耕地资源往往具有良好的生态环境。但目前经济发展过程中，人们忽视了耕地资源的生态功能。伴随经济发展和人口增加，耕地的比较利益低下，农业间和工农业之间产品价格的"剪刀差"，促使耕地资源减少，最终土地生态系统结构和功能发生变化。据统计，1996 年以来全国建设占用耕地总面积为 1.96499×10^6 公顷，农业结构调整耕地面积

1.86392×10^6公顷。事实上，耕地资源准公共产品特性以及作为理性经济人，地方财政、集体和农民个体对耕地资源的保护积极性不高。

农业在生产过程中化肥、农药等大量使用，也会对耕地资源的生产力和周围自然生态系统造成一定负面影响。耕地资源数量减少和质量降低导致耕地生态系统服务功能脆弱性和依赖性进一步增强。中央政府开始注重耕地的生态功能，在新一轮的土地利用总体规划中突出农田作为生态屏障的重要功能，要求"在城乡用地布局中，将大面积连片基本农田、优质耕地作为绿心、绿带的重要组成部分，构建景观优美、人与自然和谐的宜居环境。"为促使耕地生态系统服务功能最优化，必须减缓耕地质量与数量下降的趋势，遏制导致耕地质量下降直接或间接诱因，保持整个耕地生态系统的平衡。保护好一定质量和数量的耕地，是实现粮食安全和维护国家稳定的重要手段。

(1)耕地面积。20 世纪 90 年代以来，我国实行世界上最严厉耕地保护制度，出台了一系列耕地保护政策。包括"基本农田保护区制度"、"基本农田保护条例"、"耕地总量动态平衡政策"、"耕地占补平衡制度"、土地用途规划管制。随后又提出 18 亿亩耕地的红线。坚持实行最严格的耕地保护制度，并要求坚守 18 亿亩耕地红线，目的之一就是确保国家粮食安全。中国目前有 13 亿人口，粮食供给问题和生活保障成为未来重大危机之一。现行耕地保护远没达到预期目标，耕地数量依然呈下降的趋势，耕地数量变化直接作用于粮食生产，使得粮食产量受到极大影响。因此，耕地保护形势仍然非常严峻。中央政府对耕地面积的增减非常关注，是期望政策能调整的重要因素。耕地资源与生态环境息息相关，一般耕地面积较多区域，耕地所供给的生态服务功能较多，公众能享受到更加优美的环境与清新的空气。对于农民，同样也关注耕地面积的多寡，耕地资源规模大，能形成规模化的农业经营模式，获得较多耕地经济利益。

(2)耕地质量。国家耕地资源的保护不仅是数量上不减少，同样也包括质量上不降低。耕地占补平衡中规定建设占用多少耕地，各地人民政府就应补充划入多少数量和质量相当的耕地，但耕地质量不易界定，容易忽视质量差异。耕地资源的比较经济利益较低，无论是发达地区还是不发达地区都想牺牲耕地来换取 GDP 增长、地方财政增收，导致用地无序、非集约利用和生态环境的恶化。与耕地息息相关的农民，短期经济利益的追逐，农药、化肥过度施用，造成耕地资源肥力下降、土壤板结、水质污染等问题不断加剧，严重制约了粮食综合生产能力的提高和耕地资源的可持续发展。调查显示，大部分农民认为农药、化肥的过度施放，会造成一定程度的生态环境影响，而且直接或者间接潜在威胁着人体健康，但农民不会主动放弃传统种植模式。耕地质量关系到耕地生产能力的提高，关系到农民的投入和收入的增长，同样也关系到生态环境的优劣。

(3)保护耕地支付成本。达到耕地资源保护的目标，保障国家粮食安全和生态安全，就是对耕地质量下降和耕地数量减少的控制，但目前经济发展趋势和人口城镇化，抑制了耕地资源保护目标的完成，需要投入一定成本，才能建立有效的保护机制。支付成本问题就是了解人们对环境改善后的支付意愿以及支付形式和支付额度。参与者会对目标状况和环境政策方案实施之后进行利益权衡，并以一定方式支付货币来衡量政策方案的效益。预调查显示，89.8%市民赞成采取耕地生态补偿措施防止耕地生态效益较少或者降低，而且也愿意支付一定的货币支持该项目顺利实施。如果实施耕地生态补偿项目，就意味着给予农民补偿，激励继续保护耕地或者减少耕地质量污染行为发生。农民也愿意在国家给予经济补偿时，改变传统的农业生产经营模式，减少农药化肥过度施用。支付额度确定，通过预调查了解人们支付能力与经济承受能力，结果大部分为 50~200 元。当然也有不愿支付的，31％的不愿支付公民认为环境改善是公益的，应该由代表国家整体利益的中央政府提供资金支持，而不是个人支付费用；38％的不愿支付公民认为自己经济能力有限；19％不愿支付公民认为有权无偿享用农地带来的环境、生态、社会方面的效益。整体上，公众对支付一定费用进行耕地资源保护是接受的，但经济支付能力是政策能否实施的关键因素。

(4)耕地生态景观。随着生活水平和生活质量的提高，人们更加关心与日常生活密切相关的环境问题。大多数人关心生活地区的空气质量、饮用水质问题、水资源短缺以及周围景观变化。对于耕地资源来讲，质量下降对人类的影响是潜在的，但长期来讲，影响着人类的生活质量。耕地生态系统具有调节气候、净化空气、废物处理、休闲娱乐、生态美学等功能，能满足享受田园风光和愉悦心情的需求，而且耕地气候调节能营造周边小气候，具有极其重要的环境功能。因此，人们关心耕地植被覆盖度、景观破碎度以提高周边生态环境景观。

5.4.2　问卷内容与设计

在一定程度上，问卷设计是一门艺术，关系到调查结果的优劣。特别是在选择实验中，要确保受访者顺利完成选择任务，首先，要确保受访者或者参与者理解不同产品属性和水平。其次，对产品属性和水平要有较好的描述，而且能详细解释项目研究背景。再次，调查者措辞要简单而又通俗，确保受访者容易理解。最后，选择任务或者方案应当具有普遍性和现实性，尽可能贴近生活。选择模型预期收集到受访者完整、真实的信息，但受访者在表达信息过程中，可能面临一些限制，如果任务太多太长或者太难或者缺少现实可信的效率，获取的数据质量将会下降。一般的实验设计应包括 4 个以上属性，然而研究中可能存在较多的属性变量。例如，有的研究属性有 2~30 个，选择集范围 1~32 个，每个选择集中的选项有 2~28 个，太多选择造成任务繁重导致结果效率低下(Carson et al.，1994)。

在正式调查时，应首先对选择任务进行热身，确保受访者了解任务，如果没有对受访者热身，则排在较前的选择集，其调查后的质量将大打折扣，Swait(1993)研究选择集顺序的先后与调查数据质量关系，结果表明：最前面的选择集往往存在信息偏差，后面选择集同样也存在信息偏差，其原因可能是受访者回答大量复杂的选择任务可能产生厌倦与疲惫，导致数据质量效果不理想。

5.4.3　属性水平的确定

耕地生态补偿项目实施是为了确保耕地资源总量不减少，质量不降低，激励公共产品属性的耕地生态产品不断供给。所确定属性以及属性水平取值范围取决于没有实施耕地生态补偿项目下的属性水平和耕地生态补偿项目实施后预测所能达到的最佳水平。若没有实施耕地生态补偿项目则随着社会发展，耕地面积呈现不断减少的趋势，期望实施后耕地面积不减少(维持现状)。目前农业生产模式下，耕地质量呈现下降趋势，期望项目实施后耕地质量有所恢复并得以提高。耕地生态景观也会伴随着耕地生态补偿机制的建立逐步改善。支付成本的确定是在预调查的基础上，同时结合 CVM 预调查的结果而确定的。其预调查显示：50 元出现的概率最高，居民愿意接受 101~120 元补偿的人数最多，其次是 151~200 元。综合预调查结果 0，50，100，200 确定为耕地资源保护支付成本的属性状态。

表 5-1　耕地资源保护属性及其水平范围的确定

属性	耕地面积	耕地质量	支付成本	耕地生态景观
属性现状	减少	下降	0	下降
属性最佳状况	保持不变	改善	50，100，200	改善

根据表 5-1 中耕地生态补偿的属性及其属性水平，运用因子设计法，3 因素 2 水平和 1 因素 4 水平一共产生 $2^3 \times 4$ 个不同属性状态组合而成的选择集，考虑到研究的成本与完成任务质量问题，不可能将所有属性状态组合都呈现给受访者。因此，采用部分因子正交设计方法调查问卷中所需要的选项，将一些不切合实际的备选项删除掉，仅保留正交项(张蕾等，2008)。

因属性水平数不同，本书中需要采用混合正交实验表安排实验。根据公式(徐哲等，2005)：实验数＝∑(水平数－1)＋1，计算和查正交试验表可知每个受访者需要完成 8 个选择集(表 5-2)。每个选择集有现状方案和替代方案 2 种方案，受访者在每个不同选择集中选择自己认为最优方案情景。

表 5-2　实验正交表[$L_8(4^1 \times 2^3)$]

实验号	列号				实验号	列号			
	1	2	3	4		1	2	3	4
1	1	1	1	1	5	3	1	2	2
2	1	2	2	2	6	3	2	1	1
3	2	1	1	2	7	4	1	2	1
4	2	2	2	1	8	4	2	1	2

由正交表确定每个选择集时发现，1 号实验是项目现状，2 号实验是整个项目和耕地保护政策预期达到的理性状态，耕地面积不减少，质量不降低，整个耕地生态环境也在不断改善，但该实验预期的支付意愿为 0，不符合经济学基本理论，因此正交表应结合研究实际情况，确定最终的选择集。

5.4.4　武汉市问卷形成

近年来，随着经济建设快速发展，非农用地(道路、住宅用地、工业用地等)逐步向外扩张，耕地面积不断减少，耕地保护的形势不容乐观。武汉地区耕地面积 1996 年为403051.22 公顷，2008 年为 338344.27 公顷，1996~2008 年耕地面积减少了 64706.95 公顷，减少了 16％。如果按照此下降趋势，估计 2020 年耕地面积将减少到 287592.6 公顷，2008 年武汉人口 833.24 万人。而随着城市化进程加快，人口将进一步增加，因此保证人口不断增长和人民生活水平不断提高下的粮食安全和生态安全显得尤为重要。为确保耕地资源面积不减少、质量不降低、生态环境得到改善，政府出台一系列方案，希望借此了解广大民众的关注热点与倾向，为制度制定奠定基础。方案 A 为现状，没有实施任何保护制度到 2020 年时四个属性状态，方案 B 为制度实施后到 2020 年四个属性的状态，从下面 7 个选择集中，选择出每个选择集中最优的方案(表 5-3)。

表 5-3　选择实验中选择集 1

方案属性	方案 A(现状)	方案 B(2020 年)
耕地面积	减少	减少(15%)
耕地肥力	下降	下降
周围景观与生态环境	恶化	改善
每年每人耕地支付费用(元)	0	50
我选择 A(　　)	我选择 B(　　)	我都不选(　　)

5.5　调查实施与调查结果

5.5.1　调查实施

调查从 2010 年 5 月持续到 2010 年 11 月，共持续了约半年时间。整个调查实施过程可以分为预调查、实地调查和穿插中间调查人员的挑选与培训和调查结果分析四个阶段。2010 年 5 月份，笔者组织设计了问卷的初稿，并与 6 月份开始进行了预调查，经过反复的修改，于 2010 年 8 月份最终形成了比较完善的调查问卷的终稿。2010 年 9 月底，进行大规模调查，对调查人员进行挑选与培训，调查人员都是土地管理专业本科生、硕士生和博士生，他们对于本专业都比较熟悉，便于问卷实施，而且调查人员在实施调查前对问卷内容非常熟悉，同时对于重点问题提问技巧和说明应具有灵活性，用通俗易懂语言，以保证获取真实意愿的信息。

预调查目标：①通过预调查检验完成一份问卷所花时间、应答者对问卷问题的理解程度以及部分假设是否合适等。②掌握在问卷过程可能遇到困难及如何纠正，以便在正式调研中预先安排。③支付意愿与补偿意愿价值选项的确定以及其他没有考虑到的事项。

预调查的结果分析与总结：预调查总共完成 98 份农民问卷，92 份市民问卷，农民与市民对问卷长短反应不一致。平均正常完成一份农民问卷的时间大概在 30～40 分钟，完成一份市民问卷需要 20 分钟左右。为了节省成本，本书中 CVM 和 CE 两方法问卷是一起完成的，所以用的时间较长一些。因为时间比较充足，很多农民遇到感兴趣的话题，就滔滔不绝而且经常出现答非所问的情况。这时需要调查者根据具体情况适当打断谈话或者再次引领到所需回答的问题中。如果问卷过长，最后部分问题内容受访者有厌烦的可能，可能问卷实施一半被迫中断，降低了被调查者的合作态度和后半部分问题答案的可信度。预调查中，受访者在回答个人信息时针对家庭人口和个人及家庭收入问题显得较为犹豫，其结果的准确性可能会打折扣。因此，对这类问题，正式调研时调研人员应带上证件强调此次问卷调查只作为学术研究使用，而且是无记名式的，不会对受访者造成任何危害，以确保收集到最真实最准确的数据。

调查中把耕地分为水田、旱地、菜地三类，但大多数被调查者不能很好地辨识它们之间的差异，仅仅 1/3 的被访者能辨识差异，所以在正式调查时问卷仍然把耕地分为三类，但不特别强调被访者能给出三者之间的差异。农民以自己家种植结构为准，市民可以给出整体耕地保护意愿。

根据预调查结果对设计支付区间调整，通过对农户问卷数据进行分析，去掉异常值和不切实际数值 0、900、1000、1200 和越多越好，有效问卷 94 份，以蔡银莺(2007)、苏明达(2004)支付金额的价值区间设计修正公式，估算出受偿额分布的七个价值区间。A^{LL}、A^{L}、A^{LU}、A、A^{UL}、A^{U}、A^{UU} 分别为 1、65.6、109.8、148.07、186.6、231.09、295.4。依据第一次预调查的反馈意见及统计结果，农民的接受金额都是整数而且都是 10 的倍数，这符合人们正常的心理偏好和数字敏感度。有部分调查者直接写出被访者愿意接受的金额，出现过 20、30、40、50、80、100、120、150、180、200、300、400、900、1000 等金额，其中 50 出现的概率最高。整体可知，愿意接受 101~120 补偿的人数最多，其次是 151~200 和 121~150。接受 101~150 之间补偿额度的人数为 34 人，占到总人数的 34.7%。同时也说明以该地区农业粮食综合补贴为起始端点是可行的。最后确定 CVM 方法问卷的支付额与受偿额 50、60、80、100、120、150、200、250、300、500、800。CE 方法中的耕地保护确定为 0、50、100、200 四个属性状态，CE 预调查中发现部分被调查对选择集中的选择方案可能不选择或者有更好的建议与方案，所以增加了被调查对选择方案都放弃的原因这一问题。

2010 年 9 月底到 2010 年 10 月初对湖北省武汉市的中心城区(武昌、洪山、汉口、青山)、远城区(江夏、东西湖、黄陂、新洲、蔡甸)进行了大规模的调查。2010 年 10 月底和 2010 年 11 月初做了补充调查。2010 年 11 月~2010 年 12 月份，在问卷回收后，对原始问卷中的问题进行整理，并检查所整理问卷，是否存在前后逻辑关系不一致的地方，剔除无效的问卷。由于调查问卷较多，有 1000 份左右，每一份问卷问题也比较多，因此对原始问卷信息进行编码是一个必不可少的任务，这样较简洁、规范的问题形成一个个编码，方便数据录入计算机和有效地对数据进行分析，有利于提高数据录入和分析速度、准确率。调查者负责自己调查问卷录入，并对自己录入问题和数据负责，笔者对原始问卷和录入的数据进行随机抽查，确保录入数据的准确性。

5.5.2　调查结果

在调查过程中，共向远城区和中心城区发放问卷 1000 份，其中市民为 550 份，农民为 450 份。按照 Scheaffer 抽样公式，有些区域抽样样本总数较少，为了便于比较每个区域的调查问卷至少 50 份以上。共收回有效问卷 856 份，问卷有效率达 85.6%，其中，农民问卷 416 份，市民问卷 440 份。由于特殊原因，黄陂的市民的有效问卷仅有 25 份。表 5-4 为调查点样本分布情况。

表 5-4　武汉市调查样本点分布情况

	抽样区域	农户样本数量/人	市民样本数量/人
中心城区	洪山	60(全为洪山区)	153(洪山区)
	江岸		24(青山区)
	硚口		15(江汉区)
	汉阳		20(武昌)

抽样区域		农户样本数量/人	市民样本数量/人
远城区	江夏	91	80
	蔡甸	62	50
	东西湖	57	73
	黄陂	53	25
	新洲	93	0
合计		416	440

1. 农民基本特征

(1)性别。调查中男性受访者多于女性受访者(表 5-5)。其中,男性受访者占样本总人数的 58.41%;女性受访者占样本总人数的 41.59%。调查中农村居民男性多于女性的原因:在农村文化层次较低情况下,男性对农地生态环境比较关注,而且对自己种植经营情况了解程度较高,在男性处于主导地位的农村,男性对种植结构和各种投入具有决策权。

表 5-5　受访者基本特征情况

统计指标	分类指标	农民		市民	
		人数	比例	人数	比例
性别	男	243	58.41%	272	61.82%
	女	173	41.59%	168	38.18%
年龄	<30 岁	25	6.01%	165	37.53%
	30~40 岁	64	15.38%	140	31.82%
	41~50 岁	124	29.81%	59	13.41%
	51~60 岁	111	26.68%	36	8.18%
	>60 岁	92	22.12%	40	9.09%
教育程度	小学、文盲	193	46.39%	25	5.68%
	初中	162	38.94%	84	19.09%
	高中、中专	52	12.50%	113	25.68%
	大专	6	1.44%	93	21.14%
	本科	3	0.72%	115	26.14%
	研究生	0	0	10	2.27%

(2)年龄。40 岁以下受访者有 89 人,占所有有效样本总量的 21.4%;40 岁以上受访者有 327 人,占有效受访者的比为 78.6%。由受访者年龄构成可知,务农的以中老年为主。

(3)文化程度。文化程度为小学以及没有受过教育的受访者有 193 人;有初中文化程度有 162 人,占有效样本总数的 38.94%;因此,初中文化程度以下者占样本总数的 85.33%。可见,农村居民的文化层次较低,主要以小学文化程度为主。

(4)收入状况(表 5-6)。家庭年平均收入在问卷设计所给区间 3000 元以下和 50000 元以上档都有分布,说明农村收入状况存在很大的差异。农业收入占家庭总收入比重小于 10%的所有受访者占样本总数的 31.97%;农业收入占总收入 30%以下的家庭占所有受访者家庭比例约为 60%。调查显示,农村中大部分家庭收入不再以农业为主,开始出现兼业,外出打工人数逐步增加。

表 5-6　农民经济收入特征情况

	分类指标	人数	比例
家庭总收入/元	<3000	22	5.22%
	3001~10000	65	15.69%
	10001~20000	108	25.96%
	20001~30000	117	28.13%
	30001~50000	102	24.52%
	>50000	2	0.48%
农业收入占家庭收入比	>90%	44	10.58%
	80%~90%	36	8.65%
	70%~80%	10	2.40%
	60%~70%	12	2.88%
	50%~60%	16	3.85%
	40%~50%	16	3.85%
	30%~40%	35	8.41%
	20%~30%	52	12.53%
	10%~20%	62	14.90%
	<10%	133	31.97%

2.市民基本特征

(1)性别。调查中,男性受访者多于女性受访者。其中,男性受访者有 272 人,女性受访者 168 人。可见,受访者中以男性为居多。

(2)年龄。40 岁以下受访者共有 305 人,占所有有效样本总量 69.35%;41~50 岁受访者有 59 人;51~60 岁受访者有 36 人;60 岁以上受访者有 40 人。可见,由受访者的年龄构成可知,受访者中以中青年为主。

(3)文化程度。初中文化程度以下受访者有 109 人,占样本总数的 24.77%;具有高中(中专)和大专文化程度有 206 人,占样本总数的 46.82%;具有大学本科文化程度受访者 115 人。总之,受访者以高中、大专、本科文化程度为主,受访者中市民文化程度比农民的文化程度较高一些。

表 5-7　市民社会经济特征情况

指标	统计指标	分类指标	人数	比例
收入	月平均收入/元	<1000	83	18.86%
		1000~2000	127	28.86%
		2001~3000	108	24.55%
		3001~4000	57	12.95%
		4001~5000	23	5.23%
		5001~6000	20	4.55%
		6001~7000	10	2.70%
		7001~8000	1	0.23%
		>8000	11	2.50%
	家庭收入/元	<10000	44	10.00%
		10000~20000	49	11.14%
		20001~30000	75	17.05%
		30001~50000	93	21.14%
		50001~80000	153	34.77%
		>80000	26	5.91%
职业	职业	公务员/公司领导	16	3.63%
		经理人员	28	6.36%
		教师/医务人员	35	7.95%
		私营企业家	10	2.27%
		专业技术人员	60	13.64%
		办事人员	40	9.09%
		工人/服务员	61	13.86%
		个体工商户	27	6.14%
		离岗/下岗人员	24	5.45%
		退休人员	45	10.23%
		其他	94	21.36%

　　(4)受访者月收入与家庭年平均收入(表 5-7)。受访者个人月收入 1000 元以下的有 83 人,月收入在 1000 元以下的受访者大部分是在校大学生,没有收入或者收入微薄;受访者月收入在 1001~3000 元的有 235 人,占有效样本总量的 53.41%;其他收入在所有设置区间都有分布,总体上,平均受访市民的月收入在 1000~3000 元的居多。

　　市民家庭年平均收入在每个所给的区间 10000 元以下和 80000 元以上都有分布,说明市民受访者收入状况也存在较大的差异。其中,50001~80000 元的受访市民家庭有 153 人,占受访市民样本总数的 34.77%,是所有收入选项设置中占比重最大的。其次是家庭年平均收入在 30001~50000 元的受访市民,其占受访市民样本总数的 21.14%;表明武汉市中心城区与远城区的市民家庭平均年收入在 30001~80000 元之间较多。

　　(5)职业。为了使得受访者社会经济分布范围更加多元,更加广泛,参照中国社会分类，把受访者分为公务员、公司领导及经理、私营企业主、专业技术人员、办事人员、个体工商户、工人服务人员、下岗或者离职人员、学生及退休人员等。受访者中公务员或者公司领导有16人，占总体有效样本总数的3.63%；受访者中教师/医务人员35人，占总体样本的7.95%；受访者中专业技术人员60人，占总体受访样本的13.64%；受访者中工人/服务员61人，占总体受访样本的13.86%；受访者中经理人员28人，占有效样本总数的6.36%，受访者中私营企业家10人，占有效样本总数的2.27%；受访者中办事人员40人，占有效样本总数的9.09%；受访者中个体工商户27人，占有效样本总数的6.14%；受访者中离岗/下岗人员24人，占有效样本总数的5.45%；受访者中退休人员45人，占有效样本总数的10.23%；其他受访者有94人（包括学生），占有效样本总量的21.36%。

第6章 基于不同方法的耕地生态补偿额度确定

6.1 居民耕地生态服务认知和行为态度调查分析

在现实社会，社会群体都在不断的形成各种态度或者某项行为，它是各种知识、文化、人所处的环境等相关问题的一种心理倾向，这种倾向包括认知（cognition）、情感判断（emotion judgement）和意愿（affection）等主要要素，态度可能会产生某种行为，所以态度在一定程度上可能决定行为的产生和表现。行为心理学家们研究结果表明，任何主体的认知与态度直接可以作用于行为主体的动机，进而影响着行为主体的行为过程和行为效果。应用到耕地资源保护过程中，行为主体的认知和态度将会对其行为结果产生深远影响，居民的认识与行为影响民众对耕地资源保护参与意愿的主动性和保护支付意愿的积极性。因此，在对耕地资源保护居民意愿分析之前，有必要对行为主体的认知、态度和行为动机进行分析。本章从行为主体的认知和行为态度出发，基于实际调查所获得问卷调查数据，运用统计方法分析居民对耕地资源相关问题的认知、态度和动机，是提出耕地资源保护政策的重要基础。

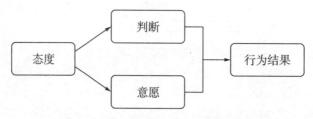

图 6-1 居民认知行为关系

6.1.1 耕地保护状况及保护政策认知

一项政策的实施，相关利益主体应该了解和理解政策的内容。耕地保护政策中居民应了解耕地资源保护目的、现状和违法政策的规定等，这样才能保障政策的有效而顺利实施。作为耕地资源保护主体和受益主体的农民，其耕地保护政策认知程度是耕地保护及经济补偿机制能够落实到基层，是耕地保护工作取得实质性成效的基础。调查结果显示：83.55%农民认为本地耕地资源生态效益是在不断降低或者减少的，在其生态效益不断降低或者减少的原因中61.88%以上的农民认为城市不断扩张、城市建设用地占用是导致耕地生态效益减少的主要原因。对于市民来说，98.35%的受访者认为目前耕地资源的生态效益是在不断减少或者降低的，其中认为降低或者减少的主要原因中81.28%的受访者认为是城市规模不断加大，城市建设用地占用耕地资源所导致的（图6-2）。

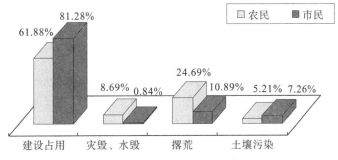

图 6-2　受访者耕地生态效益减少原因调查结果

对于耕地保护政策了解程度，市民和农民对耕地政策的认知程度依然较低，对耕地保护内容、目标和要求等认识不清，这将会影响保护政策的进一步执行和实施。居民对耕地保护政策非常了解的受访者低于 2.5%，根本不清楚耕地保护政策的受访者占 50%以上(图 6-3，图 6-4)。耕地保护政策的认知程度较低，一方面与宣传有关，说明国家对耕地保护的宣传不到位；另一方面与理解能力和文化素质有关。虽然随着文化水平提高，对政策的认识程度可能增强，但城市居民普遍认为资源的保护离生活较远，不会主动关注耕地资源的保护状况。

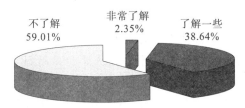

图 6-3　农民对耕地保护政策的认知状况

如果农民受访者有机会出去务工，66.32%的人愿意出去打工，仅有 33.68%的人愿意在家继续种地。92.69%的农民不希望自己的下一代继续种地，而是走出农村；仅有7.31%的农民愿意自己的下一代继续种地。农民不愿种地、不愿意保护耕地资源的主要原因之一是农民种田收入微薄。虽然目前政府实施种粮补贴，取消农业税费，农民种田的积极性高涨，农村贫困现象有所缓解，但并没有真正提高农民的生活水平。部分农民愿意继续种地的原因是文化水平有限或者年龄较大，只能依靠土地得以保障生活持续性。

通过以上分析，可以看出目前的耕地保护政策不能有效发挥作用的另一重要原因是农地生态效益和经济效益的外溢，农民只能得到比较利益低下的经济利益，经济压力导致农民保护积极性不高，农民选择了兼业化经营、粗放经营，甚至实行抛荒、撂荒，而新一代年轻人期待农地城市流转。

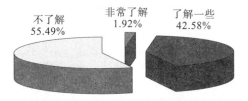

图 6-4　市民对耕地保护政策的认知状况

6.1.2 耕地生态效益认知分析

1. 耕地生态正效益

农户对耕地保护及主体生态效益的认知直接反映其参与农地保护及生态补偿制度的热情和积极性。调查结果显示，74.93％的受访农民认为耕地除了具有提供粮食、蔬菜、水果等农产品生产功能外，还具有净化空气、涵养水源、调节气候、保持土壤肥力、提供开敞空间及休闲娱乐等诸多好处，仅有4.18％的农民受访者认为无此好处，0.89％左右的农户表示不清楚是否有这个作用。其中，在耕地的调节大气、净化环境、保持土壤肥力、涵养水源、提供景观娱乐、维护生物多样性、产品供给等众多功能中，大部分农民认为产品供给功能非常重要，如果按其重要程度进行评判，非常重要为5分、重要为4分、一般重要为3分、不重要为2分、不清楚为1分来统计，仅有食物产品供给功能达到4分以上，其他都在4分以下，特别是提供景观娱乐功能分值为2.1，综合受访者的反馈信息可知食物生产>提供原材料>涵养水源>土壤保护>气候调节>气体调节>维护生物多样性>废物处理>提供景观娱乐文化功能（表6-1）。

市民中95.07％的受访者认为耕地除了具有提供粮食、蔬菜、水果等农产品的生产功能外，还具有净化空气、涵养水源、调节气候、保持土壤肥力、提供开敞空间及休闲娱乐等诸多好处，仅有0.55％的市民受访者认为没有诸多好处，4.38％左右的市民受访者表示不清楚是否有此作用。如果按其重要程度进行评判，非常重要为5分、重要为4分、一般重要为3分、不重要为2分、不清楚为1分来统计，食物生产功能达到4.65分，提供原材料4.33分，土壤保护4.02分，其他都在4分以下，得分显示市民对耕地提供各种服务功能认知情况：食物生产>提供原材料>土壤保护>水源涵养>气体调节>气候调节>维护生物多样性>废物处理>娱乐文化功能（表6-2）。

总体上看，虽然经过调查人员的环境背景介绍，被调查者能认识到耕地生态系统的重要性，但由于农民受到教育程度、认识水平等方面的局限，农民对耕地生态效益的认识程度低于市民。得分核算结果表明，无论是市民还是农民，受访公众对耕地资源食物生产和提供原材料功能的重要性均有较强的认识。

表6-1　农民耕地生态服务认知状况

功能（农民%）	非常重要	重要	一般	不重要	不清楚	得分
气体调节	7.83	44.13	22.98	5.22	19.84	3.15
气候调节	8.88	42.30	23.76	7.05	18.02	3.17
水源涵养	9.92	37.34	26.89	7.05	18.80	3.13
土壤保护	11.49	37.86	28.20	6.27	16.19	3.22
废物处理	3.13	19.06	33.16	20.63	24.02	2.57
维护生物多样性	13.05	29.24	23.76	8.88	25.07	2.96
食物生产	64.49	27.94	2.35	0.52	4.70	4.47
提供原材料	39.43	34.46	11.49	4.44	10.18	3.88
娱乐文化功能	0.26	7.57	21.93	37.86	32.38	2.05

表 6-2　市民耕地生态服务认知

功能(市民%)	非常重要	重要	一般	不重要	不清楚	得分
气体调节	26.30	46.85	18.36	1.10	7.40	3.84
气候调节	26.03	45.48	18.63	3.29	6.58	3.81
水源涵养	28.22	45.75	18.63	2.19	5.21	3.90
土壤保护	36.16	41.10	15.89	2.74	4.11	4.02
废物处理	15.89	26.58	36.71	11.51	9.32	3.28
维护生物多样性	34.79	31.23	19.73	5.48	8.77	3.78
食物生产	72.88	22.19	3.29	0.55	1.10	4.65
提供原材料	53.97	34.79	5.48	2.19	3.56	4.33
娱乐文化功能	4.11	16.44	38.90	27.12	13.42	2.71

2. 耕地生态负效益

78.88%农民普遍认为耕地资源利用会对社会经济发展和生态环境带来不利的影响，但 41.40%的农民认为耕地利用过程中化肥、农药的使用对家庭生活没有影响，36.26%的农民认为耕地利用过程中化肥、农药的使用对家庭生活有一些影响，但不是太严重，仅有 15.58%的农民认为对家庭生活有些严重。72.58%的农民认为滥施化肥会对社会经济发展和生态环境产生影响。其中，认为会产生影响的受访者中，31.07%农民受访者认为滥施化肥会对饮用水源造成一定的污染；26.89%的受访者认为会造成农产品品质下降；13.58%受访者认为可能会降低下游渔业的产量；45.43%农民受访者认为滥施化肥会对环境产生污染，造成土壤的板结。80.04%的受访者认为滥施农药对社会经济发展和生态环境产生影响，其中，对于滥施农药 61.36%的受访者认为会对人体的危害非常大；37.60%的农民认为会杀死田间益虫，使农产品品质下降，直接或者间接威胁着人体健康。50.13%受访者认为地膜残留将对社会经济发展和生态环境产生不利影响，其中 37.60%农民受访者认为如果地膜残留会造成土壤板结。44.38%的受访农民认为耕地利用过程中可能造成水土流失，其中 35.25%受访者认为耕地利用过程中会造成水土流失，降低土壤肥力；17.23%受访者认为会增加河、渠等清淤的费用；3.92%受访者认为降低通航能力。

根据以往经验，54.05%的农户认为种植相同作物、获得同样产量而耗费的亩均农药施用量在逐年增加，概括起来增加的主要原因有：虫子抗药性、耐药性增强；农药质量下降；只有高投入才能保证高产出；土壤肥力下降。1.08%的农民认为近几年来亩均农药施用量在逐年递减的，递减的主要原因是：农药价格上升，导致种地成本增加，致使种地收益降低，因此就少施用或者不施用农药，间接反映出部分农民不再指望从农地中获得收益。43.28%的农民认为近几年来农药没有什么变化。对于化肥的施用量，55.65%农民认为是逐年增加的，原因如下：地力变差、高投入才能高产出。对于是否购买能降解地膜这一问题时，几乎所有购买过地膜的农户都不清楚所购地膜是否可降解。不清楚的原因主要为：市场上没有销售、不知道可降解的益处。但幸运的是废旧的地膜能获得收益，很多人主动清除环境中残留地膜，地膜残留产生土壤污染概率不大。

8.22%城市居民认为耕地利用过程中化肥农药的使用对家庭生活没有影响；35.89%的城市居民认为耕地利用过程中化肥农药的使用对家庭生活有一些影响，但不太严重；40.55%的市民认为对家庭生活有些严重。8.77%的市民认为耕地利用过程中化肥农药使用对家庭生活产生的负面影响非常严重。90.14%的市民认为滥施化肥会对社会经济发展和生态环境产生影响。其中，认为会产生影响的受访者中，52.58%的受访市民认为滥施化肥会对饮用水源造成一定的污染；52.58%受访市民认为会造成农产品品质下降；26.44%的受访者认为可能会降低下游渔业的产量；61.09%的受访者认为滥施化肥会对环境产生污染，造成土壤的板结。94.52%的受访者认为滥施农药对社会经济发展和生态环境产生影响。其中，对于滥施农药50.72%的市民认为滥施农药会杀死田间益虫、益鸟，生物多样性降低；45.50%的城市受访者认为会造成农产品品质的下降；29.57%城市居民认为会增加水体的净化成本；81.74%的受访者认为会对人体的危害非常大；28.41%的城市居民认为农药的使用会产生气味污染。65.48%的受访者认为地膜残留将对社会经济发展和生态环境产生不利影响。其中，79.08%的城市受访者认为地膜残留会造成土壤板结；43.93%城市受访者认为地膜残留会造成水循环受阻。

6.2 居民参与耕地保护支付意愿影响因素分析

6.2.1 居民参与耕地保护支付意愿调查情况

在耕地资源情况认知和态度判断基础上，所有受访者会根据自己偏好和倾向反应，对耕地保护行为的参与意愿有一具体的体现形式。在很大程度上，假想市场下参与保护意愿体现在受访者是否愿意支付一定货币金额来保护耕地资源。假设为了维护该区域的耕地生态服务外部效益不减少或者耕地不被征收，则要以保留一定数量和质量的耕地资源为前提，家庭是否愿意出一定保护费用。

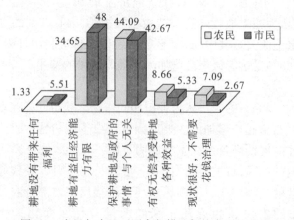

图6-5　市民与农民不愿参与耕地保护意愿的原因

从调查统计的数据情况来看，就总体样本而言，农民愿意支付的有274人，不愿意支付的有142人，65.87%的农户愿意支付；市民愿意支付的有344人，不愿意支付的有96人，支付意愿率为78.18%。所有不愿意支付中(图6-5)，农户的调查数据显示：8位受访者认为耕地没有带来任何生态环境方面的福利，此原因中不愿意支付占不愿支付总体的 5.51%；49 名受访者认为虽然耕地资源对自己有益，但经济收入太低，支付能力有限，这部分不愿支付者占不愿支付总体的 34.65%；56 位受访者认为保护耕地资源是政府的事情，与自己无关，占不愿支付样本的 44.09%；11(8.66%) 名受访者认为有权无偿享受农地带来的社会、生态方面的福利，因此不应该支付；不愿意支付的受访者中有 9 名受访者觉得现状很好，不需要花钱治理，这部分受访者占不愿支付样本的 7.09%。市民中不愿支付受访者中，认为耕地没有带来任何生态环境方面的福利，占不愿支付样本的 1.33%；受访者认为虽然耕地资源对自己有益，但支付能力有限，这部分不愿支付者占不愿支付总体的 48%；认为保护耕地资源是政府的事情，与自己无关，占不愿支付样本的 42.67%；5.33% 名受访者认为有权无偿享受农地带来的社会、生态方面的福利；不愿意支付的受访者中有 2.67% 受访者觉得现状很好，不需要花钱治理。

保护的目的是给予农民一定的补偿，改善当地的农田水利设施和生态环境，将来能有所受益，很多农民认为这个政策符合广大农民的根本利益，能调动广大农民从事农业生产的积极性，但很多受访者对这一政策心存疑虑或者暂不支持，认为这个政策不可能实现。现在国家取消了农业税，建立粮食直接补贴、良种补贴、农机具购置补贴、农资增支补贴以及最低收购价政策，不可能再有生态补偿。农民和市民的疑惑是正常的，所以调查者要告知受访者是在假设的前提下。总之，调查结果表明：生态环境保护是政府的事情和经济能力有限是不愿支付的两个主要原因，也间接表明生态环境的宣传缺乏和文化层次、认识水平较低，同时温饱问题得不到解决，生态保护将无从谈起。

6.2.2 影响居民支付意愿的因素分析

受访者对耕地生态补偿的支付意愿受到了社会经济状况（支付能力）、土地资源特征、环境背景和主体生态环境的认知等客观因素和一些主观因素影响（Moran et al.，2007；黄富祥等 2002；郑海霞和张陆彪，2006）。陈志刚等认为影响受访者保护补偿意愿的诸因素中，地区差异、居民受教育水平及受访者意愿发挥着比较显著的作用（陈志刚等，2009）。根据调查的实际情况着重探讨了受访者耕地生态补偿支付意愿驱动因素。

1. 研究假设及变量描述

1）社会经济状况

假设1：支付可能性和支付标准或者规模取决于社会经济发展水平。

生态补偿具有社会性，是在一定经济发展水平下，人类的生态环境意识水平达到一定高度时产生的经济补偿机制，在经济水平尚处于相对落后的水平状态下，不易实现。美国学者马斯洛的人类需求层次理论，认为人的需求分为生理需要、安全需要、社交需要、尊重需要、自我实现需要，只有低层次需求满足后才会向更高层次发展。对农民来讲，经济发展水平较高地区或者家庭，因农户的非农就业机会较多，因而保护耕地的机会成本较高。因此对于保护耕地而实施的生态补偿期望将会比较高。市民生活水平达到一定程度后，对生活质量有更高要求，期待有更好的生活环境，愿意支付环境保护费用达到提高环境质量的目的。

2）耕地资源禀赋

假设2：耕地质量越高、耕地规模越大的农户对耕地生态补偿受偿要求越低，因此，耕地质量越高，没有意识到保护耕地资源的重要性，支付意愿不高；耕地规模越大，愿意保护耕地资源以提高耕地的经济利益。

3）个体结构差异

社区不同的社会人口统计和结构差异将会影响生态补偿的受偿意愿与支付意愿。例如性别比例、年龄、教育水平等。

（1）性别。假设3：支付意愿可能性与社区中女性的数量比例成负相关。男性要肩负养家糊口，对外界接触较多，见多识广，所以其行为更加理性。普遍认为，女性与男性相比更关注环境，但女性更喜欢从事私人的环境行为，如回收、买有机产品，对于公共环境行为不乐意参与。鉴于所保护耕地资源的公共性，所以女性数量比例与支付量成负相关。

（2）年龄。假设4：支付补偿可能性与社区市民平均年龄成负相关。居民对生态环境认识依赖于环境意识，统计表明年轻人文化水平较高于老年人，而且接受新鲜事物的能力较强，所以年轻人比老年人有较强的保护意识。假设年轻受访者的环境敏感度占主导，则预期受访者平均年龄与支付结果成负相关。

（3）教育。假设5：与教育成正相关。有良好教育的人往往更有远见，在一定程度上对环境更加关注，能正确认识到耕地所能提供的生态环境产品的价值。

4）区域环境状况

假设6：区域的环境质量和个人认识度有一定的关系。若区域环境较脆弱，居民有较强的环境保护意识；若区域环境质量较好，居民不能很好体会到环境质量的重要性。

根据以上假定，分别选取以下变量建立模型，并对建立的模型进行统计分析，以此确定影响农民与市民的支付意愿主要因素。

表6-3　支付意愿模型中变量定义及对因变量的预期方向（农民）

变量	变量说明	变量取值	预期方向	变量类型
x_1	年龄（岁）	按实际年龄	－	连续变量
x_2	性别	男=1，女=0	＋	虚拟变量
x_3	受教育程度	文盲=1，小学=2，初中=3，高中（中专）=4，大专=5	＋	虚拟变量
x_4	是否村干部	是=1，否=0	＋	虚拟变量
x_5	是否有打工经历	有=1，没有=0	＋	虚拟变量
x_6	家庭规模	按实际人口数	－	连续变量
x_7	需要抚养人口	按实际人口数	－	连续变量
x_8	受访者家庭收入	收入/1000	＋	连续变量
x_9	农业收入占家庭收入比例	实际比例数	－	连续变量
x_{10}	耕地规模	实际耕种面积（亩）	＋	连续变量
x_{11}	区域环境质量	较差=0，差=1，一般=2，较好=3，非常好=4	－	虚拟变量
x_{12}	耕地保护政策认知	不清楚=1，了解一些=2，非常了解=3	＋	虚拟变量
x_{13}	耕地的破碎度	实际的耕地块数	－	连续变量

续表

变量	变量说明	变量取值	预期方向	变量类型
x_{14}	耕地质量	低=3，中=2，高=1	−	虚拟变量
x_{15}	是否愿意征收	否=0，是=1	−	虚拟变量
x_{16}	期望务工或是种地	务工=0，种地=1	+	

表 6-4　支付意愿变量赋值情况

变量名称	变量取值
因变量：支付意愿	不愿意=0 愿意支付=1

表 6-5　支付意愿模型中变量定义及对因变量的预期方向(市民)

变量说明		变量取值	预期方向	变量类型
x_1	年龄(岁)	按实际年龄	−	连续变量
x_2	性别	男=1，女=0	+	虚拟变量
x_3	受教育程度	文盲=1，小学=2，初中=3，高中(中专)=4，大专=5，本科=6，硕士及以上=7	+	虚拟变量
x_4	政治面貌(是否为党员)	是=1，否=0	+	虚拟变量
x_5	家庭规模	按实际人口数	+	连续变量
x_6	需要抚养人口	按实际人口数	−	连续变量
x_7	受访者家庭总收入	实际收入/1000	+	连续变量
x_8	月收入	实际收入/1000	+	连续变量
x_9	所从事的职业	公务员/公司领导=1，中高层管理人员=2，教师/医务人员=3，私营企业家、专业技术人员、办事人员=4，工人/服务员、个体工商户、离岗/下岗/失业人员=5，其他=6		虚拟变量
x_{10}	健康状况	很不满意=1，不满意=2，一般满意=3，很满意=4	+/−	虚拟变量
x_{11}	区域环境质量	较差=0，差=1，一般=2，较好=3，非常好=4	−	虚拟变量
x_{12}	耕地保护政策认知	不清楚=1，了解一些=2，非常了解=3	+	虚拟变量
x_{13}	对耕地感情	没有感情=1，没有很深感情=2，有一些感情=3，非常深厚=4	+	连续变量
x_{14}	是否听说过生态补偿概念	没有听说过=1，听说过但不明白=2，听说过，了解一些=3，非常了解=4	+	虚拟变量
x_{15}	是否参加过环保活动	否=0，是=1	+	虚拟变量

2. 模型选择与设计

Logistic 回归是对定性变量的回归分析，Logistic 回归的因变量可以是二分类的，也可以是多分类的，前者因变量只能取值 0 和 1(虚拟因变量)，而后者可以取多个不同的值。但是二分类的更为常用，也更加容易解释。所以实际中最为常用的就是二分类的 Logistic 回归。本书是关于公众对耕地资源进行保护的支付意愿问题，只有愿意或者不愿意两种行为，所以是一般的二分式的 Binary Logistic。结果变量与自变量之间关系是非线性的，虽然可以通过一定的形式转换，但这种原始的非线性，不可以直接用线性回归。因变量取值为 0、1 两个离散值，不适于直接作为回归模型的因变量，而可以表示在自变量为某一数值情况下因变量的概率的问题。$E(Y) = P = \beta_0 + \beta_1 x_1 + \beta_2 x_2 + \beta_3 x_3 + \cdots + \beta_k x_k$，因此 Logistic 回归方程可以表示为

$$f(p) = \frac{e^p}{1 + e^p}$$

式中，e 为指数函数。对 $f(p)$ 作 Logit 变换后，$y(p)$ 的对 x 的线性关系可以表示为：

$$y_i^* = x_i \beta + u_i^* \quad (i = 1, 2)$$

式中，y_i^*、x_i、β、u_i 分别为模型的被解释变量（0，1 取值）、解释变量、估计参数和随机误差项。

根据研究的目标，居民耕地资源保护的支付意愿为被解释变量，即因变量，而影响居民各种行为的内外因素为解释变量，即自变量。基于前文的理论假设与分析，将农民和市民分别归纳成为函数的理论模型为：支付参与意愿＝F（影响因素）＋随机扰动项。

3. 模型估计与结果分析

本书利用 SPSS16.0 统计软件，对调查整理的横截面数据进行了 Logistic 回归处理。在回归时，采用的回归方法是 Backward Conditional 方式。进行处理时，首先是将所有具有影响的自变量都代入模型中进行回归检验，根据研究结果对因变量影响中不显著的自变量自动进行剔除，然后继续进行检验，直到自变量对因变量影响的检验结果基本显著为止。最后对检验结果进行筛选，得出符合条件的统计结果，见表 6-6。

从最后回归结果的模型拟合检验来看，极大似然估计值为 445.901，最终回归结果的模拟效果不错，具有一定的可信度。在选取的众多变量中，只有常数项、受教育程度、受访者家庭收入、耕地规模、区域环境质量、耕地保护政策认知、是否愿意耕地被征收与支付意愿在统计上显著相关，其中区域环境质量与农民是否愿意支付呈负相关，其他各自变量对因变量的影响均不显著。以上通过统计检验的影响因素中，除了是否愿意自己耕地被征收之外，多数的影响因素对支付意愿的作用方向与实证假设的理论结果基本一致。

表 6-6　农民参与耕地保护意愿的 Logistic 模型估计结果

变量	回归系数（B）	标准差（S. E）	沃尔德（Wald）	自由度（df）	显著性概率（Sig）
常数项	−1.751	0.591	8.778	1	0.003*
受教育程度	0.427	0.130	10.753	1	0.001*
受访者家庭收入	0.018	0.009	3.760	1	0.053**
耕地规模	0.042	0.022	3.569	1	0.059**
区域环境质量	−0.240	0.136	3.098	1	0.078***
耕地保护政策认知	0.826	0.228	13.118	1	0.000*
是否愿意征收	0.353	0.249	2.009	1	0.106***

注："*""**""***"表示统计检验分别达到1%、5%和10%的显著水平。

耕地是否愿意被征收原假设与农民的耕地保护的支付意愿呈负相关，一般农民认为自己家的耕地被征收了，没有土地或者土地量变少了，就不愿意支付。而在实证中显示呈正相关，说明这部分农民对土地的依赖性变弱，意味着其他的就业机会增加，可能认识程度更高，愿意支付一定的金额或者劳动保护耕地资源。可以将农民保护耕地资源的意愿解释为：受教育程度越高对耕地资源所产生效益认识程度越高，则愿意对耕地资源进行保护；受访者家庭收入水平越高就有一定的经济能力对耕地资源进行保护；耕地数量和规模较多的家庭更愿意进行耕地资源保护以提高耕地的质量和地力；区域环境质量较好的区域没有很好的认识到环境对生活的重要性，所以两者呈负相关。耕地保护政策认识程度越高越愿意对耕地资源进行保护。

部分预先设计的影响因素未能通过检验或者显著性不强，可能的原因是由于样本量太少，虽然总体样本有 856 份，但农民和市民分开的话，样本容量不是很大，在未来研究中，需要进一步增加样本量。还有一些认为可能影响因素中：比如，耕地质量与是否愿意支付保护费用应该有些影响，但耕地的比较经济利益较低，特别是在人均耕地面积较少，耕地破碎度较大区域，耕地质量高低对获得的收益影响作用不是很大。所以在支付意愿过程中，耕地质量、耕地破碎度、农业收入等统计上不显著。农民的个人特征年龄和性别等同样也不显著，原因可能是农村劳动力务工机会增加，农村中留守老人增多，所以受访者的年龄构成以中老年为主，对于文化层次差异不是很大，常年在家务农的男性和女性来说可能认识程度相当。

表 6-7　非显著自变量对农户支付意愿的影响

变量	涵义	系数作用方向	显著性
x_1	年龄（岁）	＋	0.908
x_2	性别	＋	0.670
x_4	是否村干部	＋	0.649
x_5	是否有打工经历	＋	0.337
x_6	家庭规模	＋	0.981
x_7	需要抚养人口	－	0.440
x_9	农业收入占家庭收入比例	－	0.510
x_{13}	耕地的破碎度	－	0.645
x_{14}	耕地质量	－	0.613
x_{17}	期望务工或是种地	＋	0.971

其余 10 个自变量对农户耕地保护意愿没有显著影响（表 6-7），但依然反映了一定的规律性，能确定影响的响应方向。表 6-7 列出了非显著自变量对农户支付意愿的影响，其中年龄越大可能对耕地越有感情，愿意保护耕地资源；男性决策者对支付意愿的认知程度更高；家庭规模越大，对耕地保护的意愿越高，与原假设相反，被调查的年龄结构以中老年为主，家庭中的成员都成年，人口的多寡不再成为生活的负担；实证显示农业收入占家庭收入的比例因素与支付意愿呈负相关，原因可能为农业收入占家庭收入比例越高，农业经济利益较低，因此整体家庭经济较困难，导致不愿意支付一定费用保护耕地资源；其他非显著性自变量中与原假设一致，分别是是否村干部、是否有打工经历、

需要抚养人口、耕地的破碎度、耕地质量、期望务工或是种地。

同样采用相同方法对市民的支付意愿影响因素进行分析，其结果如表 6-8 所示。

表 6-8　市民参与保护意愿的 Logistic 模型估计结果

变量	回归系数(B)	标准差(S. E)	沃尔德(Wald)	自由度(df)	显著性概率(Sig)
常数项	−1.790	1.982	0.815	1	0.367
年龄(岁)	−0.030	0.016	3.322	1	0.068 *＊＊
性别	0.052	0.385	0.018	1	0.892
受教育程度	−0.138	0.188	0.537	1	0.464
政治面貌(是否为党员)	1.792	0.821	4.761	1	0.029 ＊＊
家庭规模	−0.133	0.173	0.596	1	0.440
需要抚养人口	−0.261	0.202	1.679	1	0.195
月收入	0.001	0.010	0.007	1	0.933
受访者家庭总收入	0.002	0.001	4.359	1	0.037 ＊＊
所从事的职业	−0.091	0.150	0.371	1	0.542
健康状况	0.610	0.304	4.033	1	0.045 ＊＊
区域环境质量	−1.289	0.296	18.988	1	0.000 ＊
耕地保护政策认知	1.056	0.443	5.688	1	0.017 ＊
对耕地感情	2.090	0.303	47.687	1	0.000 ＊
是否听说过生态补偿概念	−0.038	0.260	0.022	1	0.882
是否参加过环保活动	−0.473	0.394	1.444	1	0.229

注："＊""＊＊""＊＊＊"表示统计检验分别达到 1%、5% 和 10% 的显著水平。

根据上述检验结果和估计结果，我们可以得出如下分析结论：

(1) 对市民参与耕地正效益保护意愿有显著影响的因素包括：年龄、政治面貌(是否为党员)、受访者家庭总收入、健康状况、区域环境质量、耕地保护政策认知、对耕地感情深厚程度。整体上年轻人较注重环境问题，更愿意参与耕地资源保护；受访者是党员、家庭总收入较高受访者、健康状况越好的受访者、耕地保护者政策认知水平较高和对耕地有较深的感情的受访者都具有越高的参与意愿。而认为区域环境质量较高的受访者反而不愿意参与耕地资源保护，原因可能是环境质量没有对受访者本身造成危害。

(2) 其余原设计的影响因素在统计上不显著，但同样能反映市民保护耕地生态正效益的支付意愿的规律性。性别、受教育程度、家庭规模、需要抚养人口、月收入、是否听说过生态补偿概念、是否参加过环保活动因素在统计上不显著，但系数的正负号可以说明因素与支付意愿之间存在着一定的关系。

(3) 各影响因素影响的力度是有差异的。统计上显著性因素中对耕地的感情、耕地保护政策的认知、区域环境质量的好坏对参与耕地保护的意愿最为显著，其对被解释变量的影响显著水平约在 1% 左右。

(4) 除了受教育程度、是否参加过环保活动、是否听说过生态补偿概念因素之外，多数影响因素对市民参与耕地保护意愿的作用方向的实证结果与理论假设基本一致。受教育程度理论假设是受教育程度水平越高，人们对生态环境认识程度较高，较易参与耕地保护，但实证结果相反，可能是在所有的不愿意参与耕地资源保护受访者中，年龄结构30 岁以及 30 岁以下的占据 47.30%，这部分受访者相对于其他年龄结构层次人群受教育程度较高，这部分人不愿意支付的原因是刚步入社会，经济能力有限。是否听说过生态补偿概念与是否参加过环保活动呈负相关的原因可能是很多人对生态补偿的认识程度不是很高，仅仅是听说过，没有真正了解具体含义。参加环保的人可能对比较敏感的环境问题更加注重，但对于耕地对环境的影响并没有真正认识，更重要的是年轻人参加过环保活动机率较大而对于年龄较大的人参加环保活动机会较少。

6.3　基于外部效益的耕地生态补偿额度测算——CVM 的应用

6.3.1　调查样本支付方式

市民 CVM 调查问卷设计时采用支付卡式，市民直接对所给予的选项做出偏好选择，农民的支付金额或者劳动天数采取双边界支付方式。与此同时，支付方式在设计上结合居民收入状况和个人经济实力情况，选择居民乐意接受的出价方式。在支付保护方式上受访居民可以选择货币形式或者参加义务劳动方式来达到间接保护耕地资源的目的。以耕地生态效益支付意愿为例，武汉市城镇居民选择以现金货币形式或者参加义务劳动形式参与耕地资源保护（表 6-9）。78.57% 农民选择参加义务劳动方式参与保护活动；21.43% 农民选择直接以货币形式参与耕地保护活动。69.23% 市民选择以义务劳动方式保护耕地资源的活动；30.77% 的市民选择以货币形式支付保护基金活动。调查结果显示，受访者更愿意选择参加义务劳动，特别是农民选择参加义务劳动比例较高，农村劳动力富余、经济收入相对较低，为此农户更乐意以义务劳动的方式参与农地保护。

为此，在进行价值处理时，需将货币方式与义务劳动两种支付方式相统一，需要将选择义务劳动方式参与农地保护的受访居民支付意愿折算成货币形式。在实际调查时有询问受访者调查时点每天预期的劳动工钱，但目前劳动工资水平相对较高，劳动强度、劳动时间和农村农地种植劳动有较大差异，而且按照受访者所期待劳动工钱，核算的支付意愿远远大于受访者愿意支付货币的额度，而且按照劳动天数和劳动工钱折算支付额度远超过实际调查的支付能力。因此，应按其同期城市居民和农村居民的平均工资折算成货币价值。2009 年武汉农村居民人均年总收入 10022.29 元，所以平均日收入水平约为 27 元；市民平均每人每月的收入 1711.46 元，平均日收入约为 57 元。为了便于计算和考虑到以义务劳动折算的支付数额相对较大的情况，农民的日劳动工钱取值 25 元，市民的劳动工钱取 50 元。

表 6-9　武汉市受访居民参与耕地保护的支付方式及人数　　　　　　（单位：人）

受访者	愿意支付人数	货币支付	义务劳动
城市居民	344	106	238
农村居民	274	59	215
合计	618	165	453

6.3.2 CVM 受益群体不同假想市场思路设计

生态补偿作为对生态服务供给和需求相关主体经济利益和环境利益再分配的一种手段与机制，利益界定与分配就成为生态补偿重大难题。对于不能在市场上显示支付意愿的生态服务，完全可以借助意愿价值法构建假想市场来揭示消费者偏好，价值来源于个人偏好，通过此确定生态服务产品的价值(张翼飞等，2007)。在 CVM 中基于不同环境产权下假想市场代表意义不同，WTP 是指个体为获得一种正外部性或者避免负外部性而愿意支付的最大货币量；WTA 是指个体继续提供一种正外部性服务或者接受一种负外部性所需要获得最小货币量(丁四保和王昱，2010)。生态补偿中涉及众多主体经济利益关系，需要利益相关者来参与补偿标准与额度的界定，尊重弱势群体的生产权和发展权意愿，是确保生态补偿实施效果的重要保证。

耕地资源生态补偿微观利益相关方包括保护者(农民)和受益方(市民)。由于受益方和保护方对耕地资源保护工作的认知差异，仅仅依赖于"受益者支付"原则的补偿标准尚不能达到保护方的认知要求，本书尝试基于利益相关方对耕地资源生态补偿额度进行调查和比较，确定合理补偿额度和标准。

基于耕地资源提供的正外部性，耕地资源保护的受益方是城市居民，而进行耕地资源保护的保护方是农民。农民由于其提供耕地资源产生正外部性，应得到补偿，在 CVM 中不同的假想市场上，应调查其受偿意愿(WTA)，而城市居民获得正外部性应是生态补偿的支付者，应调查其支付意愿(WTP)。基于负外部性进行耕地生态补偿评估，市民是接受一种负外部性所期待补偿(WTA)，农民避免一种负外部性而愿支付费用(WTP)。

按照消费者和供给者之间假想市场供需关系确定受偿意愿与支付意愿，但同一主体其受偿意愿与支付意愿存在较大差异，一般受偿意愿较高，而支付意愿评价结果偏低，特别是受偿意愿，其数额准确性受到很大质疑。本书为平衡两者之间高估与低估问题，凡是需要探讨利益方受偿意愿的调查也调查了其支付意愿，以权衡两者之间的偏差。即本书调查市民耕地生态正外部性 WTP 和负外部性 WTA、WTP，而农民耕地生态正外部性 WTA、WTP 和负外部性的 WTP。

6.3.3 市民耕地生态正效益 WTP 和负效益 WTA、WTP 估算

1. 市民耕地生态服务正效益 WTP 调查结果

受访市民对耕地保护意愿支付额度的高低直接可以从调查数据中获得，因为市民不能很好地辨识出水田、旱地和菜地的差异，在处理数据时，认为市民对水田、旱地、菜地的受偿意愿是相同的。

耕地生态补偿市民的最高支付意愿每年 1200 元，最低为每年 50 元，对于 WTP 值的计算可以采用平均值的估算方法。但本书处理过程中，因问卷调查时是询问被调查者的最大支付意愿，部分被调查者是直接给予一个数值，部分被调查者在所给的一组区间数值选项中进行选择，在核算时根据区间上限值和下限值的平均值进行推算。计算时不考虑被调查者个人属性以及社会经济变量的影响，直接用被调查者给予的数值和一组投标范围的中位值的平均值计算支付意愿。

$$\mathrm{WTP} = \sum_{i=1} p_i t_i = 347.57 \, 元$$

式中，t_i 是被调查者所选择的第 i 个投标值，p_i 是选择第 i 投标值的概率。

　　另一种方法是把部分被调查者直接给予支付数值囊括在所给予的支付选项中，依据有效问卷所选择投标值的人数概率求得平均支付意愿的期望的下限值和上限值(下限值是指被访者所选择最满意支付意愿的投标值，上限值指被访者不愿支付的最小投标值)。大于 800 元的上限取值 1000 元，因为在调查统计数据中大于 800 元的 11 名被访者支付额度中有 10 位支付额度为 1000 元(表 6-10)。

表 6-10　市民耕地正效益最大支付意愿的选择结果

投标值/元	人数/人	比例/%	投标值/元	人数/人	比例/%
50~60	31	9.01	251~300	19	5.52
61~70	1	0.29	301~350	44	12.79
71~80	7	2.03	351~400	11	3.20
81~100	29	8.43	401~450	2	0.58
101~120	8	2.33	451~500	40	11.63
121~150	24	6.98	501~600	24	6.98
151~180	4	1.16	601~700	29	8.43
181~210	23	6.69	701~800	8	2.33
211~250	29	8.43	>800	11	3.20

$$\mathrm{WTP}_{下限} = \sum_{i=1} p_i t_i = 306.28 \, 元$$

$$\mathrm{WTP}_{上限} = \sum_{i=1} p_i t_i = 364.74 \, 元$$

2. 市民耕地生态负效益的 WTA

　　化肥农药的大量施用，在大幅度提高农产品产量的同时，不可避免地对农产品造成污染，目前人类疾病的大幅度增加，尤以各类癌症的大幅度上升，无不与化肥农药的污染密切相关。而且目前化肥农药的利用率很低，大部分进入空气，渗入土壤中和水体中，造成严重的环境污染。以上各种污染对我们的生产和生活产生一定影响，假设国家建立生态补偿基金计划，对环境受害者给予一定的补偿，以惩罚环境污染者对此污染行为，最终减少污染的发生。

　　同样假设种植水田情况下，被调查者认为化肥农药对人类身体健康的损害国家应给予补偿，部分被调查者认为化肥农药对人类身体健康的损害无法用金钱来衡量和弥补，希望国家尽快建立生态补偿基金，减少化肥农药的施用量。受偿的方式一般为货币形式，强调是在假设情况下并消除市民补偿不可能的顾虑。有 4 位市民表示不需要补偿外，其他市民都愿意接受补偿。总体上，根据调查数据可知，436 位市民愿意接受补偿，最高期望得到补偿为每年 10000 元。WTA 的核算同样可以采用计算其平均值的方法，不考虑受访者的社会经济属性对 WTA 的影响，也可以采用被调查者的社会经济属性对 WTA 的影响，按照线性回归的估计模型进行 WTA 的核算。本书采用平均值的估计方法。部分被访者采取直接填写自己所期望的数值形式，有的受访者是在所给的选项中进行选择，因此，同样采取两种形式：一是把所有投标选项用中位数形式折算成一个数值，最后和被访者直接填写的期望补偿额度进行平均；另一个是把部分被访者直接填写的期望补偿数值落入某一给定的选项中，最后以上下限的形式表示平均的 WTA。

不愿意接受补偿额度或者认为没有必要的被调查者视为 0 意愿，剔除后，直接采用第一种方式获得平均值估算方法 WTA＝565.90 元。用上下限方式核算所选择受偿意愿投标值的概率如表 6-11。

表 6-11 市民生态负效益的最小受偿意愿的选择结果

投标值/元	人数/人	比例/%	投标值/元	人数/人	比例/%
15~50	82	18.84	251~300	4	0.83
50~60	17	3.88	301~350	1	0.28
61~70	4	0.83	351~400	31	7.20
71~80	6	1.39	401~450	0	0.00
81~100	16	3.60	451~500	7	1.66
101~120	8	1.94	501~600	1	0.28
121~150	21	4.71	601~700	44	9.97
151~180	27	6.09	701~800	31	7.20
181~210	11	2.49	>800	77	17.73
211~250	49	11.08			

$$\text{WTA}_{\text{下限}} = \sum_{i=1} p_i t_i = 343.43 \text{ 元}$$

$$\text{WTA}_{\text{上限}} = \sum_{i=1} p_i t_i = 576.31 \text{ 元}$$

在上限的求取过程中，大于 800 元受偿额度的受访者有 77 位，用大于 800 元的所有额度的平均值作为 800 元以上的上限（调查问卷中大于 800 元以上，直接填写其数额），上限取值为 1897 元。

3.市民耕地生态负效益 WTP

假设政府为保护生态环境，减少耕地利用过程中资源环境问题，提出减少传统农药化肥的施用量，为保持产量不变，必须采取新型农业生产技术，利用绿肥、家畜粪尿生物防治等方法，保持土壤的肥力和易耕性。新型农业生产模式建立需要大量资金的支持，生态补偿基金计划就是在大家共同参与下保护耕地资源，减少环境污染。询问受访者在目前经济收支状况下是否愿意为生态补偿基金计划出钱或参加义务劳动。由于问卷设计时仅考虑相关利益主体市民耕地资源负效益，没有考虑到同一问题受偿和支付的差异问题，问卷调查之初没有生态负效益支付意愿这部分内容，最后随着研究的不断深入和问卷整体可比性，加入该部分内容。因此，市民的耕地资源生态负效益 WTP 的问卷总计发放 260 份，回收到有效问卷 206 份，有效问卷回收率为 79.23%。其中 79.52%的受访者 159 人有支付意愿；17.47%的受访者 47 人没有支付意愿。愿意支付的受访者中 68.18%的人愿意以参加义务劳动的方式参与耕地资源的保护生态补偿基金计划，其余

31.82％的市民受访者愿意以货币形式参与。不愿支付的受访者中58.62％的人认为减少化肥农药的施用量,减少环境污染是政府的事情与个人无关;31.03％的受访者认为虽然减少环境污染对个人健康和身心发展有益,但是经济收入太低,支付能力有限;3.45％受访者认为耕地资源的现状很好,根本不需要花钱治理;另有6.90％的受访者认为农民是耕地种植的主体,应该来治理和缓解种植过程中带来的环境污染问题和健康的危害。

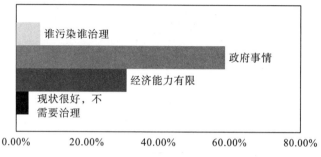

图 6-6 市民对耕地生态负效益不愿支付原因

依据调查问卷进行耕地生态负效益 WTP 的核算,在核算时对出义务劳动的被访者进行货币价值的折算,综合求得平均值 WTP＝385.39元。

表 6-12 市民生态负效益的最大支付意愿的选择结果

投标值/元	人数/人	比例/％	投标值/元	人数/人	比例/％
50～60	10	6.29	251～300	11	6.92
61～70	0	0.00	301～350	24	15.09
71～80	1	0.63	351～400	5	3.14
81～100	7	4.40	401～450	1	0.63
101～120	5	3.14	451～500	20	12.58
121～150	9	5.66	501～600	14	8.81
151～180	5	3.14	601～700	16	10.06
181～210	7	4.40	701～800	3	1.89
211～250	14	8.81	＞800	7	4.40

$$\text{WTP}_{\text{下限}} = \sum_{i=1} p_i t_i = 334.60 \text{ 元}$$

$$\text{WTP}_{\text{上限}} = \sum_{i=1} p_i t_i = 392.13 \text{ 元}$$

6.3.4 农民耕地生态正效益 WTA、WTP 和耕地负效益 WTP

农民的支付和受偿意愿采取的是双边界二分式的询价方式,但文化层次较高可以直接填写问卷的或者是对支付和受偿意愿额度心里非常清楚的受访者,直接可以用开放式回答,这时则采用支付卡式询价或者直接写上意愿的数额。因此,本问卷将有两种不同的意愿价值表示方式,问卷整理后得到有效问卷中有双边界问卷和可以直接得出结果的支付卡问卷。双边界二分式的报价方式中支付与受偿意愿是有差异的,假定对于初始投标值 B_i 回答 Yes,再追加提问一个更高的金额 B_i^H,则该询价是支付意愿,如果再追加

一个较低的金额 B_i^L，则该询价是受偿意愿。调查者回答以上问题时产生四种情况的概率分别为 Pr^{11}、Pr^{00}、Pr^{10}、Pr^{01}，假设对于一个提示金额 B_i 回答 No 的概率的分布为 $G(B)$，则有如图 6-7（程淑兰等，2006）所示的分布。

$$Pr^{11} = 1 - G(B_i^H) \qquad\qquad Pr^{00} = G(B_i^L)$$
$$Pr^{10} = G(B_i^H) - G(B_i) \qquad\qquad Pr^{01} = G(B_i) - G(B_i^L)$$

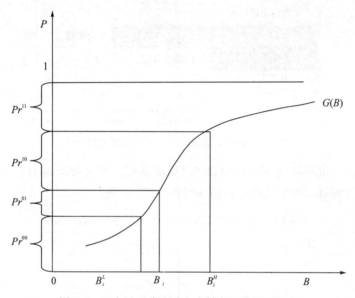

图 6-7 双边界二分法对应支付意愿的回答概率

设表示被调查者回答状况的虚变量为意愿－愿意、愿意－不愿意、不愿意－愿意、不愿意－不愿意。对应于回答，其中只能有一个是 1，其他都为 0。例如，受访者对于最初的提示金额回答愿意，而对下一个更高的支付额度同样回答愿意时，$d^{11}=1$，$d^{10}=d^{00}=d^{01}=0$。在所有的概率多元有序选择模型（ordered choice model）中，经济人面临两个以上的选择，并且这些选择是有次序的，从大量的统计中，可以发现选择结果与影响因素之间具有一定的因果关系。

而受偿意愿的调查与支付意愿的调查相反，当受访者对所给予的初始投标值假定回答是 Yes，则给出一个较低的报价，如果受访者对初始的投标值回答是 No，则给予较高的报价。如图 6-8 所示，同样也具有四种不同的回答结果，其概率公式表示为

$$Pr^{11} = G(B_i^L) \qquad\qquad Pr^{01} = G(B_i^H) - G(B_i)$$
$$Pr^{00} = 1 - G(B_i^H) \qquad\qquad Pr^{10} = G(B_i) - G(B_i^L)$$

从上节支付影响因素分析中，了解支付意愿受教育程度、受访者家庭收入、耕地规模、区域环境质量、耕地保护政策认知、是否愿意耕地被征收与支付意愿在统计上显著相关。因此，本书从理论上认为，受访者的平均支付意愿额度和受偿意愿额度将受到受访者个人特质、家庭特征、耕地规模与质量、当地环境质量以及起始报价、较高报价、较低报价等因素的影响。因此，研究选取以下 15 个可能影响受访支付意愿和受偿意愿的变量进行筛选与估计（表 6-13）。

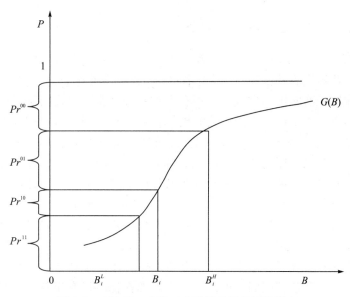

图 6-8　双边界二分法对应受偿意愿的回答概率

表 6-13　农民的支付与受偿可能变量

变量	变量说明	变量取值	预期方向	变量类型
x_1	年龄(岁)	按实际年龄	+/-	连续变量
x_2	性别	男=1，女=0	+/-	虚拟变量
x_3	受教育程度	文盲=1，小学=2，初中=3，高中(中专)=4，大专=5	+	虚拟变量
x_4	是否是村干部	是=1，否=0	+	虚拟变量
x_5	是否有打工经历	有=1，没有=0	+	虚拟变量
x_6	家庭规模	按实际人口数	+/-	连续变量
x_7	需要抚养人口	按实际人口数	-	连续变量
x_8	受访者家庭收入	收入/1000	+	连续变量
x_9	农业收入占家庭收入比例	实际比例数	+/-	连续变量
x_{10}	耕地规模	实际耕种面积(亩)	+	连续变量
x_{11}	区域环境质量	较差=0，差=1，一般=2，较好=3，非常好=4	+/-	虚拟变量
x_{12}	耕地保护政策认知	不清楚=1，了解一些=2，非常了解=3	+	虚拟变量
x_{13}	耕地的破碎度	实际的耕地块数	-	连续变量
x_{14}	耕地质量	低=3，中=2，高=1	+	虚拟变量
B_i	起始叫价	实际数值/100	-	连续变量
B^L	较低报价	实际数值/100	+	连续变量
B^H	较高报价	实际数值/100	-	连续变量

　　以上变量中支付意愿额度与受偿意愿额度可能预期的作用方向存在不一致，在进行正效益受偿、支付核算和负效益支付核算时采取的变量是相同的。

1. 农民耕地生态正效益受偿额度 WTA

目前政府为了鼓励农民保护农田的积极性，给予一定生态补偿回报农田对社会带来的生态效益。即耕地生态补偿计划：受益者（包括政府）每年给耕地的保护者一定的补偿，每年按照每个家庭拥有农田的数量、类型和保护的程度将补偿发放到村民手里，在国家现有经济财力之下，保护耕地资源不受到破坏，每年每亩地应该得到补偿的额度。所有的问卷中有 142 份问卷是开放式和支付卡式，274 问卷为双边界二分式，在部分农民开放式的回答中，最高意愿受偿额度每亩 1000 元，最低为 0 元，0 元偏好者认为国家已经取消农业税，农民种地可以获得种地的收益，就不需要补偿。经计算所有支付卡式和开放式问卷平均受偿意愿每亩 WTA=424.43 元(6366.45 元/hm²)。

而采取双边界二分式需要多元 Logit 概率函数核算结果。依据双边界二分式的函数模型可知，需运用最大似然估计出参数 α、β、γ_k。α 表示常数项，β 表示投标值系数，γ_k 为社会经济特征标量系数。本书运用功能强大的统计软件 R 进行参数估计，通过不断剔除不显著变量，最终达到较满意的结果。剔除的指标变量有年龄、家庭年收入、是否村干部和是否支付环保活动等。剔除是否村干部和是否支持环保活动是由于两变量调查数据差异非常小，98％的受访者都支付环保活动，在所有调查的样本中，是村干部的农民样本也非常少。其次家庭年收入被剔除后其他变量呈现满意显著效果，其原因可能是家庭年收入的样本数据的差异较大，而且考虑家庭年收入涉及个人隐私，受访者会存在隐瞒的情况，说明家庭收入与受偿金额没有显著关联性。模型估计结果及在 95％的置信区间的上下限如表 6-14 所示。

表 6-14   模型及其 WTA 的推定结果

项目	α	β	γ_2	γ_3	γ_5	γ_6	γ_7
下限	−0.1203	−1.3824	−0.3160	0.1959	0.0048	−0.0230	−0.1039
估值	−0.0046	−1.3667	−0.2805	0.2143	0.0373	−0.0161	−0.0900
上限	0.1111	−1.3509	−0.2450	0.2327	0.0698	−0.0093	−0.0760

项目	γ_9	γ_{10}	γ_{11}	γ_{12}	γ_{13}	γ_{14}	WTA(百元)
下限	0.1144	−0.0104	0.0135	0.1081	−0.0081	0.2841	3.0930
估值	0.1700	−0.0065	0.0338	0.1363	−0.0040	0.3124	4.7747
上限	0.2256	−0.0027	0.0541	0.1645	0.0001	0.3407	6.5039

对整个方程拟合优度进行似然比(likelihood rate)检验：拟合优度服从 χ^2 分布，其值为 105.7703，比检验水平 0.05 的临界值 $\chi_{0.05}^2(13)=22.36203$ 大，故有理由认为这个模型拟合效果良好，可从 P 值估计 $P(\chi^2>105.7703)=1.110223e-16<0.00001$，即在 5％的显著性水平下，满足假设检验。模型中除了指标 13 置信区间包括 0，不特别显著，呈弱相关外，其他指标都具有较窄的置信区间，估值具有很高的精确性。根据估计参数的正负值可知投标值、受教育程度、是否有打工经历、农业收入占家庭收入比重、区域环境质量、耕地保护政策的认知度与耕地质量都与 WTA 呈正相关。符合理论的假设预期方向。投标值越大，则接受补偿额度可能越高；受教育程度越高对生态环境的认知更高，则可能愿意得到更高的补偿；有打工经历的人见多识广，具有开阔的视野，明白保护耕

地机会成本较高，因此，希望获得较多的补偿额度；农业收入占家庭总收入比重越大，说明该农户家庭对耕地的依赖越强，当然希望获得更多的耕地补偿，以提高自己的收入水平；环境质量较高的研究区域，受访者认为耕地所作贡献较大，所以期望获得较多补偿以鼓励耕地资源质量保护；耕地保护政策认识程度越高，越明白耕地保护对耕地的质量和数量影响，对国家的生态环境和国家粮食安全的重要意义，更期待国家能给予较多补偿；耕地质量越高地块所提供的正的生态效益越高，理应获得较多的国家补偿。其他变量如，性别、家庭规模、抚养人口数量、种植耕地规模与 WTA 呈现负相关的关系。性别中的系数为负，说明女性对补偿额度要求较高，可能由于农村中男性作为家庭的户主，比较理性或者农村中一般家庭中男性出去打工，女性在家耕作的情况较多，女性对土地依附度较男性强，而且女性更感性，所以期望得到较高的受偿额度。以务农为主的农村，家庭的规模越大，需要抚养的人口数量越多，则家庭的生活负担越重，经济不是很宽裕，理应期望耕地能给以更多的补偿，能缓解生活压力，但本模型估计结果呈现相反结论，其原因可能是家庭规模较大的农户，很多人出去务工，家中仅有老弱幼人员，种地仅仅为了解决平时的口粮问题，并不是生活主要来源，而且家中的老弱幼文化程度可能也不是很高，对耕地所产生的生态环境影响认识不高，对耕地保护后预期收益不是很感兴趣；而家庭中需要抚养的人口较多时，耕地经济利益较低，人们往往寻找其他途径提高生活质量和水平，不指望耕地能为自己带来收益，所以对补偿的期望也不是很高。耕地的规模越多，如果国家给予补偿则补偿的总额较多，理性受访者期望每亩耕地的额度并不是很高，而是随着种植的耕地规模的增多而降低，这样能保证耕地生态补偿的实施，如果每亩的耕地生态补偿较高，则较大规模耕地数量的情况下，国家支付能力有限，可能最后支付只能成为泡影。从指标变量的系数的绝对值可知性别、教育程度和农业收入占家庭比重对受偿额度有较高的影响。

R 软件得出在 95% 置信区间 WTA 的估计结果：

$$WTA_{下限} = 3.0930 \times 100 = 309.3 \ 元$$
$$WTA_{上限} = 6.5039 \times 100 = 650.39 \ 元$$

WTA 点估计值为 477.47 元，支付卡式求出的平均值为 424.43 元，其值仅是受偿意愿的平均值没有考虑受访者个体特征、经济特征、社会特征因素对受访者个人直接影响，从而间接对受偿额度产生影响。而对于双边界二分式 CVM 模型，如果被调查者对 B_i 回答是否定的，暗示 WTA 范围为 $(B_i, +\infty)$ 开区间，则对 B_i^H 进行回答，如果为否定的则 WTA 范围为 $(B_i^H, +\infty)$，如果为肯定的则 WTA 范围为 (B_i, B_i^H)，缩小了 WTA 估计的范围。被调查对 B_i 回答是肯定也同样缩小了 WTA 估计的范围，可以看出双边界二分式 CVM 模型不仅能够缩小估计的置信区间，而且通过模型不断的逼近点估计能很好接近真实的 WTA。支付卡式结果 424.43 元在双边界模型 95% 的置信区间 309.3~650.39 元内，双边界点估计值 477.47 元与 424.43 元差异也不是很大，也进一步验证了双边界二分式模型所得估计结果的可信性。当然双边界式也存在一定的弊端，从心理学和经济学角度来考虑，对于从未接触过的资源环境价值，不清楚环境效用情况下，一般处于受访者面子或者对调查者的尊重，受访者不好意思拒绝受访者给出的数额，将会接受询问金额，因此误差与调查者提问金额有关。而支付卡式调查中，受访者不清楚所研究问题效用时，则因为有选项，将会选择适中数额或者最低数额，造成双边界二分式高估环境价值而支付卡式调查方式低估环境价值，当然支付卡式也具有一定的优点，为了保证结果较准确取二者的平均值。因此，最终的 WTA 为每亩 450.95 元(6764.25 元/hm²)。

2.农民耕地生态正效益支付额度 WTP

为了维护耕地生态系统服务效益不减少，需要保有一定数量和质量的耕地资源，家庭是否愿意出钱或者参加义务劳动的回答过程中，有 274 位受访者愿意出钱或者参加义务劳动保护耕地资源，在所有的支付意愿中，有 144 份问卷采取支付卡及开放式调查形式，130 份问卷采取的双边界二分式问卷形式，通过支付卡及开放式的综合平均每亩支付意愿额度为 WTP=266.91 元，而通过双边界式，结果见表 6-15。

表 6-15　模型及其 WTP 的推定结果

项目	α	β	γ_2	γ_3	γ_5	γ_6	γ_7
上限	4.0804	-1.3032	1.3043	0.0298	-0.5846	0.0487	-0.1948
估值	3.8075	-1.3300	1.2263	0.0055	-0.6543	0.0283	-0.2273
下限	3.5346	-1.3568	1.1482	-0.0408	-0.7240	0.0079	-0.2598

项目	γ_8	γ_9	γ_{10}	γ_{11}	γ_{12}	γ_{13}	γ_{14}
上限	0.8672	-0.5937	0.0506	-0.0064	0.0150	-0.1190	0.3764
估值	0.5651	-0.7083	0.0407	-0.0432	-0.0508	-0.1285	0.3095
上限	0.2629	-0.8229	0.0307	-0.0801	-0.1166	-0.1380	0.2427

对整个方程的拟合优度进行似然比(likelihood rate)检验：拟合优度服从 χ^2 分布，其值为 71.6106，比检验水平 0.05 的临界值 $\chi^2_{0.05}(14)=23.6847$ 较大，故有理由认为这个模型拟合的效果良好；也可从 P 值来看，$P(\chi^2>71.6950)<0.00001$，即在 5% 的显著性水平下，满足假设检验。模型中受访者的受教育程度和耕地保护政策的置信区间包括 0，说明这两个指标不特别显著，呈弱相关，受教育程度前面的估计值系数为正，同样表明受教育程度与支付额度是成正相关的，即受教育程度越高，可能其支付额度 WTP 会相对较高。而对耕地保护政策认知估计值系数为负数，与理论预期不符，但可能的原因是所有对政策认知较高者都愿意保护耕地资源，但一谈到支付额度时，表现不是非常积极，可能耕地保护认知程度较高者，因政府耕地保护制度存在的缺失，对国家政策实施效果不信任，对支付货币后能否真正起到较好的保护作用存在疑惑。而其他指标都具有较窄的置信区间，统计上具有显著性，估计值具有很高的精确性。

性别与支付额度呈正相关，男性的支付意愿大于女性，男性一般是家庭的户主，对外界接触较多，见多识广，其行为更加理性。女性与男性相比更关注环境，但女性更喜欢从事私人的环境行为，鉴于所保护耕地资源的公共性，所以女性数量比例与支付量呈负相关。有打工经历的受访者反而比没有打工经历的受访者支付意愿额度较低，说明很多人认为耕地面积的减少不是人为控制的，是国家建设的需要，而且在外打工的对土地的依赖程度降低，所以不愿意花费太多金钱在保护耕地资源上。家庭规模、耕地规模和耕地质量都与耕地正效益的支付额度呈正相关。家庭规模越大越愿意支付更多的货币或者劳动去保护耕地资源。耕地规模越多的受访者和种植耕地质量较高的受访者，收益相对也较高，都不期望自己的耕地质量下降和数量减少，愿意支付更高的额度达到维护经济利益不减少和不降低的目的。家庭收入水平越高将愿意支付的额度越高。农业收入所占的比例越高，说明该家庭依赖土地程度较高，目前农业收益状况下，家庭收入水平可能不是很高，所以与耕地保护支付额度呈负相关。该区域整体的耕地破碎度越高，说明该区域的耕地质量不是很高，种植不便利，没有保护的积极性与主动性，与支付额度呈反比。整个模型中家庭收入对 WTP 的额度作用与影响最大。

$$\text{WTP} = \frac{\ln\left[1 + \exp\left(\alpha + \sum_k \gamma_k X_k\right)\right]}{-\beta} \times 100 \tag{6-1}$$

因此，在 95% 的置信区间内，$\text{WTP}_{\text{估值}} = 290.86$ 元，$\text{WTP}_{\text{下限}} = 206.87$ 元，$\text{WTP}_{\text{上限}} = 380.38$ 元，通过支付卡及开放式的综合平均每亩支付意愿额度为 $\text{WTP} = 266.91$ 元，在置信区间内，而且支付卡式计算结果与双边界结果相差不大，取平均值 WTP 为每亩 278.89 元（4183.35 元/hm^2）。

3. 农民耕地生态负效益支付额度 WTP

为了保护耕地资源，减少环境污染，在目前经济收支状况下，愿意出钱或者参加义务劳动的份额的问卷中，266 位受访者愿意支付一定的金额或者参加义务劳动进行耕地资源的保护，减少环境污染对人类健康和土地资源的危害，但其中 144 份问卷采取支付卡和开放式的支付方式，122 位问卷采取的双边界二分式，依据直接支付平均核算的 $\text{WTP} = 262.22$ 元，该额度较高原因在于支付额度中可以有参加义务劳动代替支付现金，在所有愿意支付的 266 位调查中，77.14% 的受访者愿意以参加义务劳动的方式参加农地保护活动。双边界二分式 WTP 推定结果如表 6-16。

对整个方程的拟合优度进行似然比（likelihood rate）检验：拟合优度服从 χ^2 分布，其值为 69.3775，比检验水平 0.05 的临界值 $\chi^2_{0.05}(14) = 23.6847$ 大，故有理由认为这个模型拟合的效果良好。性别对负效益的支付额度成反比，即女性对负效益的支付额度高于男性，可能是女性对化肥农药产生危害有较深刻的认识。家庭规模、家庭需抚养人口和耕地破碎度与负效益支付额度呈负相关，而打工经历、家庭总收入水平、农业收入比例、耕地质量、区域环境质量、耕地规模等于耕地资源负效益支付额度呈正相关。化肥农药对土地质量、水体、空气和食物产生的污染与损害，与人们生活息息相关，人们体会更深刻，所以有较高的认识。农业收入所占家庭收入比重越大，说明家庭收入以农业种植为主，对土地依赖较大，因此更期待土地质量的提高，以提高自己的种地收益，因此与负效益支付额度呈正比。同样，家庭收入水平对整个耕地资源的负效益的支付额度的作用和影响水平最大。

表 6-16　模型及其 WTP 的推定结果

	α	β	γ_2	γ_3	γ_5	γ_6	γ_7	WTP(元)
上限	2.3653	−1.0681	−0.4343	0.0929	0.6311	−0.1480	−0.1138	389.41
估值	2.1241	−1.0912	−0.5099	0.0543	0.5583	−0.1706	−0.1495	281.33
下限	1.8830	−1.1143	−0.5855	0.0156	0.4854	−0.1932	−0.1853	183.12

	γ_8	γ_9	γ_{10}	γ_{11}	γ_{12}	γ_{13}	γ_{14}
上限	2.9234	0.2497	0.1692	0.2116	0.3935	−0.1474	0.1939
估值	2.6057	0.1371	0.1558	0.1748	0.3289	−0.1575	0.1278
下限	2.2881	0.0245	0.1423	0.1380	0.2643	−0.1677	0.0617

依据直接支付卡式平均核算的 WTP 为 262.22 元，在 95% 置信区域 183.12～389.41 元，与点估计值 281.33 元相差较小，两种方法估算结果相对都是较准确的，最终耕地资源负效益的 WTP 为两者算术平均值 271.78 元(4076.70 元/hm²)。

6.3.5 CVM 估算结果确定

市民耕地资源生态补偿估算结果的单位为每人每年补偿或者支付额度，而农民耕地资源生态补偿估算结果单位为每亩耕地补偿或者支付额度。为了便于比较，市民估算出的补偿或者支付额度折算成单位面积耕地生态补偿额。依据 2009 年武汉市城市总人口(572.31 万)和武汉市耕地资源面积(208940 公顷)，核算出单位面积耕地补偿额。

表 6-17　不同角度不同群体耕地生态补偿额

		基于正外部性耕地生态补偿额		基于负外部性耕地生态补偿额	
		WTA	WTP	WTA	WTP
市民 /(元/hm²)	区间	—	8389.35−9990.60	9406.95−15785.70	9165.15−10741.35
	点值	—	9521.85	15500.70	10556.25
农民 /(元/hm²)	区间	4639.50−9755.85	3103.05−5705.70	—	2746.80−5841.15
	点值	6764.25	4183.35	—	4076.70

以点值作为支付意愿和受偿意愿分析，无论是农民还是市民，WTA 与 WTP 之间存在不可忽视的差异，并且 WTA 大于 WTP，经测算市民负效益的 WTA 额度是 WTP 约 1.5 倍，农民正效益的受偿额度 WTA 是支付意愿 WTP 的 1.6 倍，可以看出农民和市民的 WTA 和 WTP 之间差异相似。由于 WTA 不受收入约束，部分低收入人群的 WTA 可能存在高估现象，这符合正常的心理预期，大量 CVM 的实证研究表明 WTA 平均是 WTP 的 2～10 倍数(张翼飞，2008)，因此结果是合理的。

从表 6-17 可知，基于不同角度耕地生态补偿额度，市民估算额都大于农民。市民经济条件和环境意识较高与农民，是导致估算结果较高原因之一。基于正外部性耕地生态补偿农民受偿额度为 6764.25 元/hm²，低于市民支付额度 9521.85 元/hm²，由于受偿额度估计偏高，不能直接作为耕地正外部性耕地生态补偿额，而且耕地生态补偿额度是随着经济发展、耕地质量、区域环境状况变化的，因此，确定基于正外部性耕地生态补偿额度为一弹性区间值：4183.35～9521.85 元/hm²。基于负外部性进行耕地生态补偿评估，农民支付意愿远远低于市民受偿意愿与支付意愿，为消除受偿意愿高估的偏差，最终基于负外部性耕地生态补偿弹性区间为 4076.7～10556.25 元/hm²。可以看出，基于不同角度的耕地生态补偿额度区间差异不是很大，具有合理性。

6.4　基于保护属性的耕地生态补偿额度测算——CE 的应用

6.4.1　问卷调查结果

受访者对于耕地保护政策情景的选择，定量评价居民在不同环境政策下保护耕地资源的意愿，获得市民和农民对耕地资源质量的改善和面积减少得以控制的支付意愿，以期获得耕地资源的非市场价值，为政府耕地保护政策的制定和实施提供决策依据。耕地生态补偿的目标和实施目的作为政策情景属性变量选择的依据，各属性变量及其状态水平设计见表 6-18。

调研发放问卷和条件价值法发放问卷份数相同，但由于选择实验法问卷不是较好理解，问卷有效率较低，获得农民有效问卷 383 份，市民有效问卷 361 份。在所有问卷中，认为选择集中现状方案和可替代情景方案都不能满足效用最大化，期待有更好解决方案的受访者见图 6-9。从图中可以看出市民和农民受访者中选择集 5 是两条折线的转折点，选择集 1 到选择集 5 中认为两种方案都不合时宜的受访者人数在增加。农民受访者从选择集 1 的 20 人增加到选择集 5 的 67 人，随后选择集 7 中对两方案都不满意的农民受访者减少到 54 人；市民选择集 1 中有 28 位受访者；到第五个选择集两方案都不选受访者有 59 位，随后都不选设计方案的受访者开始减少，到第七个选择集中有都不选方案受访者有 34 位。由问卷可知，第 5 个选择集支付属性增加到 200 元，所以不愿支付的人员增加，但到第七个选择集不愿支付的受访者减少，这说明其他条件都改善情况下，人们虽然担心支付费用问题，但还是可以支付的。

表 6-18　选择模型中各属性及其状态水平

选择集	选择方案	属性水平			
		耕地面积	耕地肥力	支付保护费用	周围景观与生态环境
选择集 1	方案 A	减少	下降	0	恶化
	方案 B	减少	下降	50	改善
选择集 2	方案 A	减少	下降	0	恶化
	方案 B	保持不变	改善	50	恶化
选择集 3	方案 A	减少	下降	0	恶化
	方案 B	减少	改善	100	改善
选择集 4	方案 A	减少	下降	0	恶化
	方案 B	保持不变	下降	100	恶化
选择集 5	方案 A	减少	下降	0	恶化
	方案 B	减少	改善	200	恶化
选择集 6	方案 A	减少	下降	0	恶化
	方案 B	保持不变	下降	200	改善
选择集 7	方案 A	减少	下降	0	恶化
	方案 B	保持不变	改善	200	改善

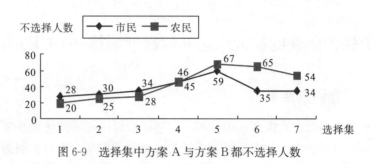

图 6-9　选择集中方案 A 与方案 B 都不选择人数

在所有选择集中不愿支付的原因调查中大部分是经济能力有限，不愿支付费用，或者费用太高，支付不起，但内心是期望生态环境改善，耕地面积不减少的。

部分受访者认为耕地质量和数量的增减和个人无关，是政府的事情，个人无能为力，应由政府承担责任。少量受访者认为选择集中两方案都不是较好政策，其原因是仅有部分属性得以改善，与内心期望有差异，期待所有的属性都能朝良性方向改变，生活质量和生活环境更加美好。

总体来说，不愿选择的原因是期望所有属性都改变，但由于支付能力和经济能力，不愿做出选择。受访者认为两种方案都不可行，可以间接推断受访者认为目前耕地保护政策需要调整，以达到改变目前耕地面积减少、耕地质量下降的趋势。

通过询问受访者选择选择集中方案时首要考虑的属性特征问题。由图 6-10 可知，有242 位城市受访者关注生态环境，136 位城市受访者关注生态环境，总之城市居民在做出最优决策时考虑的主要是生态环境的改善和支付费用的高低。农民在做出最优决策时考虑的主要是支付费用，说明农民的经济能力有限，支付能力有限，但农民考虑耕地面积和耕地质量的受访者比市民受访者较多。

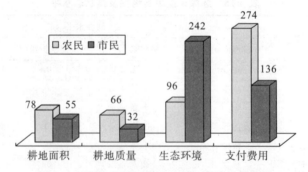

图 6-10　作出选择时关注的每一属性的受访者

通过询问受访者做出选择时，主要影响做出偏好决策的因素，可知市民受访者中有216 人认为只要支付不是太高，期待耕地面积提高、耕地肥力有所上升，生态环境得到改善；79 位受访者认为公众不应承担耕地保护的费用，应由政府承担；75 位受访者认为虽然关注生态环境，但经济能力有限不能承担起支付费用；44 位受访者主要考虑生活环境改善选项；12 位受访者主要考虑耕地面积不要减少的选项；16 位受访者在做出选择时选择支付费用最小的选项；仅有 1 位受访者做出选择时主要考虑耕地肥力提高。

农民受访者中 167 位认为只要支付不是太高，期待耕地面积提高、耕地肥力有所上升，生态环境得到改善；134 位受访者虽然关注生态环境，但经济能力有限，不能承担起支付费用；97 位农民受访者认为公众不应承担耕地保护的费用，应由政府承担；48 位农民受访者选择支付费用最小的选项；10 位农民受访者主要考虑生活环境改善选项；21 位农民受访者主要考虑耕地面积保持不变选项；10 位农民受访者主要考虑耕地肥力提高的选项。

6.4.2　模型变量

我们的目标是建立一个合适的模型去拟合调查数据，并找出影响人们行为决策的主要因素及其项目情景偏好价值。

不考虑随机误差项，模型随机效用函数可以用属性向量(Z_1，Z_2，Z_3，Z_4)线性函数表示。为了量化耕地保护项目属性价值，用选择方案的属性水平作为效用函数的变量来构建选择模型。本书属性特征变量包括耕地面积、耕地质量和周边景观与生态环境、支付耕地保护费用四项，分析影响受访者选择方案的因素与属性。

$$V_{ij} = \text{ASC} + \beta_1 Z_1,_{ij} + \beta_2 Z_2,_{ij} + \beta_3 Z_3,_{ij} + \beta_4 Z_4,_{ij} \tag{6-2}$$

式中，ASC 为常数项；β 为影响受访者效用的属性参数估计；Z_1 是耕地面积属性；Z_2 耕地肥力属性；Z_3 耕地周围景观与生态环境属性；Z_4 是支付耕地保护费用属性，其系数 β_4 代表收入的边际系数，模型参数都具有边际贡献的经济意义。

一般而言，随着耕地质量的提高，耕地面积的增加及其周边生态环境的改善，公众生活得更舒适，幸福感较强，公众的效用水平会越高，但支付耕地保护费用越高其效用就会越低。因此，耕地面积增减、耕地肥力下降与提高、耕地周围生态景观三个属性与间接选择效用成正相关，而耕地保护支付费用与选择效用成负相关，即 β_4 为负值。

由于本书问卷设计分为市民和农民问卷，研究中的农民和市民的社会经济特征变量不同。农民社会经济特征变量包括：性别、年龄、受教育年限、是否有打工经历、家庭规模、需要抚养人口、家庭收入水平、农业收入占家庭收入比重、耕地规模、区域环境质量、耕地保护政策认知、耕地破碎度、耕地质量差异、是否愿意土地被征收和如果有机会期待务工或是种地。市民社会经济特征变量包括：年龄、性别、受教育程度、政治面貌、家庭规模、家庭总收入、受访者月收入水平、需要抚养人口、受访者健康状况、区域环境质量、耕地保护政策认知、对耕地感情的深浅、是否听说过生态补偿的概念和是否曾经参加过环保活动。为了便于经济计量分析，给予因变量和自变量赋值(表 6-19)。

表 6-19　选择模型中各属性变量与因变量赋值

	变量名称	变量取值
因变量	选择方案	选择 A 或 C=0，选 B=1
	耕地面积	耕地面积减少=0，耕地面积保持不变=1
	耕地肥力	耕地肥力下降=0，耕地肥力改善=1
属性自变量	周边景观与生态环境	周边景观与生态环境恶化=0 周边景观与生态环境改善=1
	支付耕地保护费	0，50，100，200

6.4.3 模型结果估计

本书使用 R 统计软件，采用 2 个不同的多项式模型对调查结果进行了计量分析。模型 1 的因变量是被调查农民与市民在每个选择集中所做的选择的概率，自变量仅考虑每个选择集中各选择方案的属性(耕地面积、耕地肥力、周边景观与生态环境、支付耕地保护费用)及其状态水平；模型 2 的因变量仍为被调查农民与市民在每个选择集中所做的选择，自变量不仅包括每个选择集中各选择方案的属性及其状态水平，还包括被调查农民与市民的社会经济特征变量。

1.农民估计结果

农民问卷数据模型拟合结果见表 6-20，模型 1 和模型 2 的两个模型都通过了整体显著性检验，所有属性(耕地面积、耕地肥力、周边景观与生态环境、支付耕地保护费用)都在 5％以下水平显著，模型的模拟结果与现实的情景是一致的，表明问卷的设计以及模型的选择都是较合理的，具有较强的科学性。模型 2 的结果表明在选取的 15 个指标中，通过不断逐步回归结果，最后仅有四个变量家庭抚养人口、耕地规模、区域环境质量和耕地破碎度对选择结果有显著影响。该结果表明受访者的社会状况、生活状况直接影响耕地保护方案的最终选择。在选择集中不选原因的调查中经济支付能力居于首位，但在加入社会经济特征变量分析影响选择因素中经济支付能力并不显著，可能的原因是支付能力是影响选择原因之一，但不是主要原因，主要原因是对耕地资源是否需要保护并不关心或者对该政策的真正实施存在质疑。因此，回答不选择原因是以支付能力有限作为主要的抗拒理由。

表 6-20 农民模型分析结果

	模型 1				模型 2			
	Estimate	Std. Error	t value	$Pr(>|t|)$	Estimate	Std. Error	t value	$Pr(>|t|)$
ASC	0.3724	0.0631	5.9020	0.0275 *	0.39013	0.0098	39.9673	$<2e-16$ ***
Z_1	0.3591	0.0466	7.7141	0.0164 *	0.3428	0.0059	58.4341	$<2e-16$ ***
Z_2	0.5464	0.0466	11.7361	0.0072 **	0.5283	0.0046	114.5866	$<2e-16$ ***
Z_3	0.6085	0.0466	13.0704	0.0058 **	0.6211	0.0061	101.1471	$<2e-16$ ***
Z_4	−0.0138	0.0004	−38.7381	0.0007 ***	−0.0141	0.0043	−323.5390	$<2e-16$ ***
抚养人口					−0.0027	0.0016	1.7105	0.0876 ·
耕地规模					0.0011	0.0003	4.0904	$4.6e-05$ ***
环境质量					0.0110	0.0024	4.5751	$5e-06$ ***
耕地破碎度					0.0030	0.0006	5.0621	$4.9e-07$ ***
Adjusted R^2	0.9961				0.9912			
F 统计值	381.8				14690			

注："·""*""**""***"表示统计检验分别达到 10％、5％、1％和 0.1％的显著水平。

根据表 6-20 的模型估计参数结果，假定其他属性变量保持不变时，可以评价某属性相对基准水平的属性边际价值，各个要素的价值即为公众的支付意愿，表示农民(市民)为了得到该要素的一个水平的改进所愿意支付的保护费用，也即该要素的隐含价格。具体公式如下：

$$\text{MWTP}_{z_1} = -\frac{\partial V}{\partial z_1} / \frac{\partial V}{\partial z_4} = -\frac{\beta_1}{\beta_4} \tag{6-3}$$

$$\text{MWTP}_{z_2} = -\frac{\partial V}{\partial z_2} / \frac{\partial V}{\partial z_4} = -\frac{\beta_2}{\beta_4} \tag{6-4}$$

$$\text{MWTP}_{z_3} = -\frac{\partial V}{\partial z_3} / \frac{\partial V}{\partial z_4} = -\frac{\beta_3}{\beta_4} \tag{6-5}$$

表 6-21　耕地资源保护属性的价值

属性	农民		市民	
	模型 1	模型 2	模型 1	模型 2
耕地面积(Z_1)	26.0217	24.3121	24.9681	23.4426
耕地肥力(Z_2)	39.5942	37.4681	69.3311	75.1639
生态景观(Z_3)	44.0942	44.0497	147.1128	154.4098

根据公式计算出耕地资源保护各个属性价值(表 6-21)以及模型 2 计算结果，武汉市农村居民对耕地面积增加或者保持不变愿意每年愿意支付约 24.31 元；为了减少耕地肥力和耕地质量下降，平均每年愿意支付约 37.47 元；对于周边生态环境改善和缓解，农民愿意每年支付约 44.05 元。根据隐含价格，各个要素相对重要性从高到低依次为：生态景观、耕地肥力、耕地面积。我们发现影响农民效用的最重要政策因素是耕地引起的周边生态环境改善，该要素为正，表明生态环境有所提高，其参与耕地资源保护积极性越高。也间接说明农民对生态环境较关注，环境意识逐步增强。其次耕地肥力和质量是农民所关心的问题，质量肥沃，农民能获得较多收益，但耕地面积的多少很多受访者认为不是自己所能控制的，一切服从政府安排，但农村居民无论是否种地，都期望耕地面积保持不变，而不是不断减少，认为耕地是农民生活的保障，只要耕地资源存在农民就会安居乐业。以上模型参数大小及其正负值的模型结果与本书假设和理论是相一致。

运用表 6-20 中的模型 1 和模型 2 的参数估计结果，进一步采用下列公式，对不同方案选择中的补偿剩余进行核算。

$$\text{CS} = -\frac{1}{\beta_4}(\text{ASC} + \Delta \text{面积} \cdot \beta_1 + \Delta \text{质量} \beta_2 + \Delta \text{环境} \beta_3) \tag{6-6}$$

式中，$\Delta\beta$ 为相关属性的估计系数与变化前后属性状态值之差的乘积，ASC 为常数项。把不同选择集中的方案集中起来，选择集对应编号就是该集方案编号，该研究有 7 种不同的选择方案，分别计算不同情况与当前基准现状福利变化情况，即补偿剩余的变化，得到七种方案两个模型补偿剩余(表 6-22)。

表 6-22　不同选择方案相对于基准现状的价值

选择方案	属性			（农民）相对价值		（市民）相对价值	
	耕地面积	耕地质量	生态景观	模型 1	模型 2	模型 1	模型 2
现状	0	0	0				
方案 1	0	0	1	71.0797	71.7184	151.8295	148.4098
方案 2	1	1	0	92.6014	89.4489	98.8410	92.6066
方案 3	0	1	1	110.6739	109.1865	221.3902	223.5738
方案 4	1	0	0	53.0072	51.9809	29.2803	17.4426
方案 5	0	1	0	66.5797	65.1369	73.7902	69.1639
方案 6	1	0	1	97.1014	96.0305	176.8803	171.8525
方案 7	1	1	1	136.6957	133.4986	246.4410	247.0164

依据表 6-22 农民数据分析模型 1 和模型 2 中 7 个方案的相对剩余价值结果进行排序，可知方案 7 是所有方案政策中最佳的政策，受访者期望耕地面积不再减少，耕地肥力不断提升，周边生态环境质量更高，人们生活较愉悦。受访农民愿意期待各方面条件都得以改观每年每人耕地支付约 133.50 元货币资金。

2. 市民估计结果

市民问卷数据模型拟合结果见表 6-23，模型 1 和模型 2 的两个模型都通过了整体显著性检验，所有属性（耕地面积、耕地肥力、周边景观与生态环境、支付耕地保护费用）都在 5% 以下水平显著，模型的模拟结果与现实的情景是一致的。一般来讲，受访者都倾向于较低的支付保护费用、较好的环境质量、较高的耕地质量和更多的耕地面积，以提高优美的环境和景观。耕地资源保护支付费用与效用呈负相关，其他属性变量耕地面积、耕地肥力、周边景观与生态环境都与效用呈正相关，符合现实状况。模型 2 的结果表明在选取的 14 个指标中，通过不断逐步回归结果，最后仅有 6 个变量作为最后模型最优结果。其中家庭抚养人口、受教育程度、家庭总收入、区域环境质量和是否听说过生态补偿概念对效用有较显著影响，年龄对效用的影响显著效果不理想。受教育程度较高的受访者，对耕地保护政策的改变有较高的支持；抚养人口越多，可能要考虑的其他因素就越多，对耕地保护者政策是否需要改变较少关注，更倾向于保持现状或者对所给予政策的情景替代并不满意；经济水平较高家庭，收入越多，支付的金额就越多，如果能接受耕地保护政策的支付方式和手段，则可能更倾向于选择替代的选择。环境质量越高的城市区域似乎没有意识到耕地质量、面积多寡对自己有何影响，因此，可能对保持现状比较青睐。是否听说过生态补偿中与选择结果成反比，可能的原因在于，听说过生态补偿的受访者不一定就了解或者接受这种经济制度手段，认为现状很好或者说认为问卷中所给出的政策替代情景不满意，期待更满意政策来解决生态环境和社会发展问题。

从受访者影响因素中可知市民和农民受访者对区域环境质量的感受与选择结果有较强相关，但作用方向却相反。农民对区域环境质量感受越高其越愿意支持改变目前耕地保护现状，与市民的作用方向相反的原因可能是部分市民更关注周边生态环境（这与后面市民数据分析中生态环境属性价值较高是相吻合的），而农民虽然也非常关注生态环境，但对耕地质量和数量的关注也是不容忽视的，环境质量高的地方，可能耕地质量并不一定高，所以期待改变目前耕地保护现状，以改变耕地面积减少和耕地肥力下降的趋势。

根据表 6-23 的模型估计参数结果，评价市民模型中某属性相对基准水平的属性边际价值，结果见表 6-21。与农民模型的估计结果相似，生态景观与生态环境依然位居榜首，其次是耕地肥力，然后是耕地面积。对受访市民而言，三属性价值的差距非常大，生态景观与生态环境的价值约是耕地肥力价值的 2 倍，约是耕地面积价值的 6 倍左右，即能改变目前生态环境质量与景观的政策情景，在可接受的经济承受能力之下，市民受访者都愿意接受。

表 6-23　市民模型分析结果

	模型 1				模型 2			
	Estimate	Std. Error	t value	$Pr(>\mid t\mid)$	Estimate	Std. Error	t value	$Pr(>\mid t\mid)$
ASC	0.0258	0.0374	0.690	0.5615	−0.0366	0.0132	−2.546	0.011020*
Z_1	0.1528	0.0276	5.537	0.0311*	0.1430	0.0039	36.727	$<2e-16***$
Z_2	0.4243	0.0276	15.374	0.0042**	0.4585	0.0036	128.322	$<2e-16***$
Z_3	0.9004	0.0276	32.622	0.0009***	0.9419	0.0040	234.056	$<2e-16***$
Z_4	−0.0061	0.02105	−29.071	0.0011**	−0.0061	0.0029	−205.555	$<2e-16***$
年龄					0.0002	$1.360e-04$	1.425	0.1545
受教育程度					0.0065	$1.538e-03$	4.231	$2.5e-05***$
抚养人口数量					−0.0033	$1.761e-03$	−1.875	0.0609 •
家庭总收入					0.00002	$8.004e-06$	1.991	0.0467*
区域环境质量					−0.0069	$2.044e-03$	−3.366	0.0008***
是否听说生态补偿					−0.0052	$2.125e-03$	−2.456	0.0142*
Adjusted R^2	0.9851				0.9851			
F 统计值	403.5000				8691			

注："•""*""**""***"表示统计检验分别达到 10%、5%、1%和 0.1%的显著水平。

运用表 6-23 中的模型 1 和模型 2 的参数估计结果，进一步采用公式（6-5），对不同方案选择中的补偿剩余进行核算，其结果见表 6-22。在所有的方案中市民愿意支付较多的保护费用来达到实施该政策的目的，所有的补偿剩余中方案 7 的支付意愿每年每人最高模型 1 约达到 246.44 元，模型 2 达到 247.02 元，可知方案 7 是所有方案政策中最佳的政策，受访者期望耕地面积、耕地肥力以及周边生态环境质量都有所改观。

3.农民与市民估算结果比较

两个不同模型显示出两个不同群体受访者的偏好存在差异。虽然不能从模型 1 和模型 2 中看出模型的优劣，但模型 2 增加了受访者个人的经济社会特征，包括了受访者的异质性，选择效用是受访者所做出最优决策，与受访者所处社会环境、经济状况和个人特征有较强相关性。因此，模型 2 的拟合度能得到改进，结果更应准确。从模型中可以看出四个属性对效用选择影响都是相同的,市民和农民都是支付费用对效用影响为负,生态景观与生态环境、耕地面积和耕地肥力对效用影响为正。而市民和农民对组成耕地生态保护政策项目三个属性满足需要所愿意支付费用存在差异。通过模型 2 的分析,农民受访者估计出的三个属性的边际价值相差不大,周边景观与生态环境的边际价值比耕地肥力边际价值大约 6.58 元,耕地肥力边际价值比耕地面积边际价值大约 13.16 元,而市民中三个属性的边际价值差距较大。农民和市民对待属性变化偏好差异较大的是生态环境,市民对生态环境的改善与恶化愿意支付费用约为 154.41 元,而农民愿意支付费用约 44.05 元,耕地肥力市民的支付费用是农民的支付费用的 2 倍左右,但在耕地面积增减上,农民与市民的偏好基本上相当。

对于整个属性组合方案政策,市民和农民都认为第 7 个方案是最优的,但愿意为这个方案组合支付的费用存在较大差异,市民愿意每年支付约 247.02 元,而农民愿意每年支付约 133.50 元,也间接说明市民收入水平、环境意识比农民较高。在影响效用选择的受访者异质性问题上,农民受访者和市民受访者也存在较大差异。区域环境质量在效用选择上呈现相反显著性水平。

6.5 CVM 与 CE 比较与结果确定

CE 与 CVM 在没有外界干扰情况下,其结果应该是相似的,但本书 CE 与 CVM 估计结果相差较大。依据市民和农民支付意愿,CE 农民支付补偿意愿约为每年 133.50 元,而市民每年愿意支付约 247.02 元,为了与 CVM 结果进行比较,转换成单位面积耕地资源支付补偿额度,其结果农民耕地资源愿意补偿额度为 1681.95 元/hm²,市民耕地资源补偿额度为 6766.05 元/hm²。CVM 耕地支付额在 4183.35~9521.85 元/hm² 或者 4076.7 ~10556.25 元/hm² 弹性区间值。

CE 与 CVM 相比,CE 在范围测算方面具有优势:CE 较容易评价组成环境商品的个体属性的价值,比如景观、水质。这对于关注某些属性水平变化的管理决策而言非常重要,而 CVM 是对丧失或者获得整体环境变化的整体属性的价值;CE 为确定属性的边际价值提供一个很好评价方式,而其他揭示偏好方法由于受多重线性影响很难确定;可以把 CE 中环境商品的价值评价分为可观测到的属性价值和不可观察到的属性价值;CE 正交实验设计为受访者提供较多评价机会,而且每个选择集中有众多选择方案,为受访者提供较多的思考空间。

尽管 CE 具有 CVM 无法比拟的优点,但 CE 的起步较晚,使用并不广泛,还存在一定的技术难题。CE 方法在实验设计和统计分析技术比较复杂,合适属性及其属性水平的选择与确定、实验设计及其统计结果分析,每一步骤实施都具有一定的障碍与难度。Swait 和 Adamowicz 认为选择实验法繁重的任务影响选择概率与结果,该影响分为对研究者和受访者的双重考验。

CE 与 CVM 每种方法都存在一定的优点和弊端,耕地生态补偿额度的确定结合两种方法来确定。结合农民和市民的意愿,CE 确定耕地生态补偿区间为耕地 1681.95~6766.05 元/hm²,CE 方法与 CVM 方法的相交区间为本书确定武汉市最终补偿弹性区间结果,即为 4183.35~6766.05 元/hm² 或者 4076.7~6766.05 元/hm²。

第7章 跨区域耕地生态补偿及空间效益转移测度

7.1 跨区域耕地生态补偿理论分析

7.1.1 空间外部性

区域之间生态流和经济流是一个自然并持续流动的过程，人们无法干预，但这种自然流动过程会造成区域之间经济发展的差异性。其中，溢出是一种客观经济现象，也是外部性的一种表现形式。溢出或者外部性具有区域性，是一个区域对另一区域提供发展可能性或者形成发展限制性的现象，是相互依赖、制约的市场和非市场的利用（滕丽等，2010）。在两型社会建设中，生态环境保护的问题日益受到政府的重视，相关规划管制过程中，提升了全国或地区生态环境质量的同时，生态环境脆弱区域土地发展权的实现却受到不同程度的限制，相应地会约束到生态环境脆弱区经济的发展，给相关经济主体带来不同程度的经济损失及发展受限。

LawrenceBroz（1999）将区域之间提供的公共物品看作是一种与私人产品相关联的联合生产过程，如果基于理性经济人假设，区域之间的环境补偿是合情合理的。实施可持续发展的空间性就必须满足"特定区域的需要而不能削弱其他区域满足其发展需要的能力"。

外部性理论认为空间外部性导致土地资源配置不能到达帕累托最优。生态系统功能与服务在时空上存在动态异质性。农业空间外部性潜在影响农民土地利用决策，影响当地的经济福利和环境的可持续性。在微观层面，许多空间外部性产生与距离有关，一般而言，距离土地利用越近，其受影响强度越大，距离土地利用越远，土地利用的破坏或改良越弱。耕地是经过人类管理的生态系统，特定的农地生态系统服务供给者受土地管理实践的影响，也受本地土地利用政策及其附近土地利用情况影响。宏观层面某一区域土地生态系统所提供的生态服务被另一区域无偿享用，溢出效应明显，经常出现"免费搭便车"行为，导致社会分配不公平和社会发展无效率。例如，大尺度区域之间耕地资源保护责任和义务履行较少区域与履行耕地保护责任和义务较多地区之间空间的生态流动，基本农田与非基本农田之间的发展受限。空间外部性认知有利于社会最优空间分析，在这一空间范围，可能发生外部性转移，纠正外部性中众多利益相关者能重新分配经济利益，使空间外部性充分体现公平与效率。

1. 大尺度（宏观）空间外部性

2006 年颁布的《中华人民共和国国民经济和社会发展第十一个五年规划纲要》明确提出，在"十一五"期间要"尽快建立生态补偿机制"，"推进形成主体功能区"，"实行分类管理的区域政策"。保护责任较多区域与保护责任较重区域以及国家限制开发和禁止开发的开发秩序，事实上可以理解为一个地区承担或发展经济或保护环境或其他功能（孟召宜等，2008）。同时在不同区域实行差别化的财政、投资、产业、土地、人口管理、环境保护政策。这就必然会限制部分地区开发利用其所拥有的资源，来发展经济、改善自身福利状况的权益，造成区域"暴损"。如果缺乏相应补偿机制，势必造成地区之间的不平等和分配不公，有可能拉大不同地区之间的贫富差距，进而就会影响全面建设小康社会目标的实现。一般认为，造成发展受限制地区或自然保护区制度失效或利用受损的主要原因在于市场失灵，且缺乏对"暴损"地区相关利益群体提供给社会的外部效益进行量化和补偿（Enrique Ibarra Gené，2007；Sonin，2003）。例如，东西部在发展经济上的倾斜，东部人较富裕，为了享受干净、优美的环境愿意支付较高的价格，愿意对西部的生态环境建设进行补偿，而西部人由于较为贫穷，干净、优美的环境对许多尚未解决温饱需求的西部人来说还是奢侈品。基于现实背景下对于西部生态环境与生态溢出，东部对西部提供生态补偿是可行的，也会促进西部人民生态环境建设的积极性（姚艺伟，2008）。同样，在耕地资源保护过程中，耕地保护会对土地所有者产生"暴利"和"暴损"的福利非均衡问题，对保护耕地遭受"暴损"的地方政府应该给予福利补偿（Gardner，1977）。区划管制政策给发展受限区及受益区不同权利主体带来的福利损失或福利增进的影响，从公平和效率的角度提出福利"暴利"区域向福利"暴损"区域提供补偿，达到相关利益群体间福利的均衡，实现经济发展与耕地保护目标的和谐统一。

2. 微观尺度空间外部性

土地利用过程中不同的土地利用类型和模式之间仍然存在相互影响，传统农业生产方式可能对有机生产方式产生不同形式的溢出效应。例如，传统农业与现代有机农业土地利用模式存在差异，由于农场之间水、土壤、植物、害虫、花粉和污染物等之间流动和转移，相互之间产生影响和效应，造成有机生产者福利损失的风险，有机农业建立需要种植者承担高额生产成本，但大量正外部性溢出，而传统农业生产成本低，负外部性溢出，两者之间相互影响与渗透。Dawn提出两者土地利用模式之间建立缓冲区（Parker，2007），以解决溢出效益相互影响的问题。不同的土地利用之间相互影响案例如下：

假设所有的土地面积为 L，有三种土地利用的可能，有机农业［organic agriculture (O)］、传统农业［conventional agriculture(C)］和可选择性的土地利用［alternative use (A)］（即既不产生外部性也不被外部影响的地块）。由于外部性的损害是随着距离的下降而下降，任何不合理的安排都可能扩大外部性造成的损失，因此有机农业和传统的农业利用模式的安排显得尤为重要。

设

$$O=l_O \qquad A=l_C-l_O \qquad C=L-l_C$$

$$O \quad |l_O \quad |l_C \quad \longrightarrow L$$

l_O 是有机农业利用模式和可选择性土地利用模式的共同边界区位；

l_C 是传统农业利用模式与可选择性土地利用模式的共同边界区位；

土地 A 是确定为 O 和 C 边界之间的距离；

假设所有的地块是均质的，在没有外部性影响时，传统农业生产的总产量 $Y_C = C(L$

$-l_C$)则有 $\dfrac{\partial Y_C}{\partial (L-l_C)}>0$，$\dfrac{\partial^2 C(L-l_C)}{\partial(L-l_C)}<0$，$C$ 是与生产地点无关的单位面积产量。而有机农业生产同样也是边际规模报酬递减的，在没有外部损失情况下，总的产量 $O(l_O)$，$\dfrac{\partial O}{\partial l_O}>0$，$\dfrac{\partial^2 O}{\partial^2 l_O}<0$。

但事实上，有机农业生产模式与传统农业的生产模式之间存在外部性，有机农业被传统农业所产生的外部性所影响。有机农业所产生损失是 C 在其 $X\in(l_c,L)$ 土地空间任一点所产生的，在 C 边界的右边，L 边界的左边，用 X、l 两个变量函数 $G(X-l)$ 来表示，$\dfrac{\partial G}{\partial l}\geqslant0$，$\dfrac{\partial^2 G}{\partial l^2}\geqslant0$，如图 7-1 所示：$M$ 点是某点产生的外部性影响程度，其距产生外部性地块越远其值越小，图形也显示在 $X\in(l_c,L)$，其外部性影响程度能达到最大 M，随后在 $l\in(0,l_O)$ 上影响程度缓慢下降。

在有机农业生产模式的地块上，即 $l\leqslant L_O$ 时，由于外部性的影响，将会产生生产性的损失，产量将下降，产量下降的数额与所有传统农业的生产模式负外部性破坏总和有关，传统农业的所产生外部性总和为

$$\sum M=\int_{l_C}^{L}G(x-l)\mathrm{d}x$$

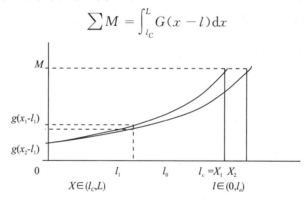

图 7-1　土地利用过程中外部性函数

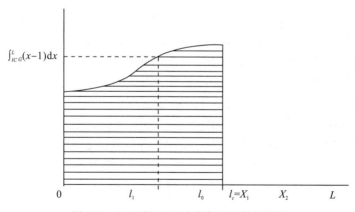

图 7-2　土地利用过程中外部性函数的测算

从图 7-1 中可以看出，距离 C 地块边界越近，外部性的损失越大，O 地块的生产性的损失具有区位性，O 在生产设置时会离 C 地块的边界尽可能的远，而 O 地块的破坏性程度依赖于 C 地块的生产规模，当 C 占据较多的区位时，其破坏性就越大。

O 总的生产损失为

$$A_O = \int_0^{l_O} \sum M(l) \mathrm{d}l = \int_0^{l_O} \int_{l_C}^{L} G(x-l) \mathrm{d}x$$

总产量为

$$Y_O = O(l_O) - A_O = O(l_O) - \int_0^{l_O} \int_{l_C}^{L} G(x-l) \mathrm{d}x$$

O 地块的生产者追求的面积一定时 Y_O 最大化，必须满足一阶导数为零的以下特性

$$\frac{\partial Y_O}{\partial l_O} = \frac{\partial O}{\partial l_O} - \int_{l_C}^{L} G(x-l) \mathrm{d}x$$

$$\frac{\partial Y_O}{\partial l_c} = \int_0^{l_O} G(l_C - l) \mathrm{d}l$$

$$\frac{\partial Y_O}{\partial L} = -\int_0^{l_O} G(L-l) \mathrm{d}l$$

当然也可以用简单线性模型对结果进行解释，具体某一点产生的外部性呈现距离衰减，O 地块的净总产量可以有地块规模大小、距离 C 地块的边界、C 地块的外部性 M、距离衰减率、粮食单产等决定。距离衰减率 a 指从 C 最近的边界开始单位距离的衰减。a 和 M 都代表外部性的价值量。

$$Y_O(l_O, C, l_C, M, a) = \int_0^{l_C - \frac{M}{a}} C \mathrm{d}l + \int_{l_C - \frac{M}{a}}^{l_O} C - [M - a(L_C - l)] \mathrm{d}l$$

$$= (C - M + al_C) l_O - \frac{a}{2} l_O^2 + Ml_C - \frac{a}{2} l_C^2 - \frac{M^2}{2a}$$

事实上，排除理论假设，由于空间外部性导致地块经济体之间相互影响的复杂性和重叠性，影响作用核算问题较复杂。微观尺度地块的异质性及其生态流扩散与漂移、影响范围界定等都是量化难题。因此，本书仅以宏观尺度区域之间的生态流动为例来探讨区域空间外部性问题。

7.1.2　跨区域耕地生态补偿的总体框架

我国区域间经济发展水平、自然资源禀赋的差异决定土地管理政策必须具有强烈的区域特征。中国使用规划管制等行政手段对耕地向建设用地转用进行了严格限制，自然条件较好，发展缓慢的地区，可能要承担较多的耕地保护责任，而经济比较发达地方，人多地少，承担的保护责任较少。例如，基本农田保护区与非基本农田保护区、粮食主产区与非粮食主产区所承担责任差异，造成社会福利水平差异。伴随着我国经济体制改革的逐步深入，市场经济体系的建立和完善，传统的主要依靠行政手段（包括土地利用规划和计划、土地用途管制、各项行政审批等）保护外部效益显著的农地资源、组织土地合理利用的政策措施已难以发挥其应有的效率，存在政策失效的现实。由于耕地保护、国家粮食安全和社会稳定具有很强的外部性，很容易导致各区域在此问题上的"搭便车"行为。为此采取较为有效的经济手段，从社会公平与公正的角度出发，环境保护主体（权益受损者）应获得相应的补偿，而受益主体需要对为保护环境作出贡献的地区予以回馈，即对农地生态服务的供给主体所提供的土地生态服务价值进行补偿，生态补偿机制是调整生态环境保护和建设相关各方之间利益关系的重要环境经济政策。如果通过生态效益的转移支付等方式对过多承担了耕地保护任务的区域进行经济补偿，可以有效协调区域

耕地保护利益，从而能达到满足社会经济发展对农地非农化的合理需求，又能最大限度地满足我国粮食安全要求和目标，能有效改变目前保护耕地无利可图、占用耕地获得较大发展的利益分配不均衡状态，通过区域间的转移支付可以抵补耕地保护者保护耕地的所丧失机会成本，同时降低耕地占用者的巨大获益，平衡利益相关者的利益（丁成日，2008），但在政策制度建立之前，区域间协调与核算等问题成为补偿成效的关键问题。

　　在确定不同地区支付或获得生态补偿量时，就要从本地区生态价值的供应量和消耗量出发。如果某一地区的社会经济发展所消耗的生态价值量大于其自身的生态价值供应量，此时就占有了其他地区的生态价值量，就应当拿出社会经济发展成果的一部分对其他地区予以补偿；反之，就应当获得生态补偿。但是由于生态价值的流动是非定向的，具有极强的扩散性，公共产品特性，双方利益主体交易非主动性，因此，两类地区之间就不能直接进行交易，此时就必须有第三方的参与，由第三方按照某一标准收缴受益地区应当支付的生态补偿，并将其支付给生态受损地区（也可将受损的生态价值看作是为受益地区社会经济发展所作出的贡献）。可以通过征收生态税、发行生态彩票、财政转移等建立跨区域生态补偿基金，并以此支付给发展受限也即生态价值消耗量小的地区。多种融资渠道不仅可以集中财力支持重点生态区域的生态保护与建设，而且还可时刻提醒每个人要节约利用资源，遏制污染环境和破坏生态的不良行为，自觉地保护生态环境，培育和发展生态资本市场。

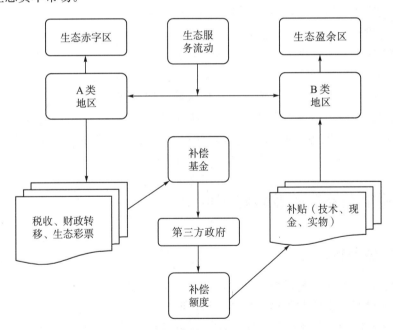

图 7-3　跨区域耕地生态补偿框架

　　根据以上分析，跨区域耕地生态补偿的总体框架如图 7-3 所示。其中，A 类地区的生态价值消耗量大于自身生态价值供应量，是生态赤字区，故应支付补偿金；B 类地区的生态价值消耗量小于自身生态价值供应量，是生态盈余区，故应获得生态补偿。结合我国国情及其利益主体博弈结果，耕地资源的保护者和受益者作为理性的"经济人"，其目标是私人利益最大化。只有满足双方利益，才能真正使制度发挥作用，政府作为全体公民的代表其目标是整个社会福利最大化，而在保护者和受益者自由协商与博弈难以达成保护补偿的协议时，往往需要代表公共利益的政府出面提供协商与仲裁，依据供给者的需求意愿和消费者的支付能力与意愿，由双方博弈确定。

中国规划规则和建设占用指标，按省域下达，由省级进一步下达到县级、乡，最后到村、地块，行政制约与管制所形成区域之间保护量的非均衡性在一定程度上限制了落后地区经济发展，区域之间资源保护的公平性产生缺失(陈旻等，2009)。地方政府之间的补偿依赖于受损与得益，发展受限地区产业发展受限导致地方财政收入和区域经济增长机会的丧失，就业机会丧失导致人口迁移最终造成地方公共服务的外溢。但是由于社会经济环境和市场的复杂性与不确定，很难从受限地区经济发展损失中剥离出哪些是由于履行保护责任、哪些是行政规划管制造成的，对于得益地区来说，也很难估计 GDP 增长、容纳的就业人口及其他公共服务中受损地区所作贡献率的多寡。

对于宏观区域之间的补偿，很多学者不断进行探索。吴晓青等(2003)采用经济损失量与受益量的差额法对区际生态补偿进行核算；张效军等(2006)、牛海鹏等(2009)利用区域耕地赤字和盈余来解决耕地资源跨区域补偿问题；程明(2010)通过经验法、机会成本法两种理论方法探讨北京跨界水源功能区的生态补偿问题。马爱慧等(2010)基于生态足迹和生态承载力理论，对区域土地生态补偿进行计算和测定；王女杰等(2010)综合考虑区域的生态系统服务价值和经济发展水平，提出了生态补偿优先级作为区域间补偿的重要依据。政府之间转移支付可以通过间接生态赤字与生态盈余来确定，耕地保护利益主体消费者与供给者之间的支付意愿与受偿意愿能有效解决这一问题。该区域的支付意愿说明消费者愿意为享受到的耕地所提供的服务支付的费用，而受偿意愿说明供给者认为自己提供的服务应值金额。支付意愿与受偿意愿可能存在赤字与盈余，支付意愿大于受偿意愿，意味着该区域消费者消费了其他区域耕地所提供的服务，支付意愿小于受偿意愿，意味着其他区域消费了该区域耕地所提供的服务，从而能确定该区域应得到补偿或者应支付补偿，实现各区域相关利益主体福利均衡及耕地生态保护责任共担、效益共享。

7.2 耕地生态补偿效益转移测度

7.2.1 效益转移法

在耕地资源保护揭示偏好的评价中，受访者被询问的是在一定区域尺度内的支付意愿，一般这一尺度为受访者所熟悉生活区域，而生态补偿具有时空性，受成本、时间及其人力、物力与财力其他条件等资源的制约，利用假想市场法在不同区域、不同时点分别揭示出支付意愿不现实，因此基于这样的理论与现实需求在环境评估中出现了"效益转移法"(benefit transfer)(孙发平和曾贤刚，2009；杜娟，2003)。效益转移就是将已经研究过的资源环境非市场价值区域所形成环境效益转移到需要进行研究的区域，当然各种不同的因素都可能影响转移的效力，期望所揭示的偏好能通过转移误差修正、最大限度地减少效益转移误差，最后经调整后价值移植到其他区域的资源评价中。该方法的主要理论依据是替代原则，利用与目标影响具有同等效用的参照物作为替代物，来间接评价环境物品的非市场价值。尽管效益转移法，可能在理论和方法上存在一些问题，有待人们不断完善，但希望运用现有的方法，不断修正，使研究结论具有科学性，能对实践有一定的指导和借鉴意义。因此，研究区域与待研究区域之间的差异或者相似程度成为效益转移研究的重点内容。在这一过程中要尽量寻求转移区域之间各种条件的一致性，并对其存在的差异进行科学的调整，以求转移的准确性。Herminia 认为在使用转移价值之前，需要进行三类调整：①收入差异的调整；②外汇差异的调整；③价格差异的调整。此外，所作的调整应反映该地区不断变化的生物物理条件(侯元兆，2004)。

我国用效益转移方法进行资源评价的研究较少，主要是由于我国对资源和环境价值的评价较晚。苗翠翠(2009)尝试利用效益转移方法从国内和国际两个角度对大连星海公园景区的游憩价值进行评价；赵敏华等用效益转移方法评价了陕北煤炭、石油开发、石油跨区开发以及炼油厂生产过程中造成的环境价值损失(赵敏华，李国平，刘志国，2006；赵敏华和李国平，2006a、2006b)。该方法简单且易操作，提高了资源价值评价的效率。

国外效益转移已被广泛应用，Costanza 等(1997)应用效益转移方法外推环境发达国家与发展国家的世界生态服务和自然资本。Sehipper(1998)、Brouwer(1999)等用效益转移法分析了欧洲和北美国家的航空噪音以及湿地等环境效益的国际转移。

效益转移方法可分为数值转移(value transfer)和函数转移(function transfer)。数值转移就是将已研究区域统计数据(通常是指案例中的支付意愿或者接受意愿的估计值或者值的范围)直接转移到待估价区域；函数转移是原始统计数据所建立评价价值的函数在待估价区域的应用(Rosenberger 等，2000)。效益转移函数的运用提高了该方法的可信度。Bergstrom 和 DeCivita(1999)依据效益转移结果，估算效益转移的有效性，结果显示效益转移价值误差较大，不过 Bergstrom 和 DeCivita 认为该方法是一个非常有意义评价技术(Piper and Martin，2001)，总比不做任何资源非市场价值的评价就把资源非市场价值视为零科学。

7.2.2　效益转移法优缺点及其步骤

区域之间能使用效益转移来代替生态服务价值直接进行调查评价的条件是：首先，地区之间应有相似的人口因素；其次，不同区域环境产品属性相似；最后，产权分配具有相似性。但效益转移存在着优缺点。

(1)缺点：①区位、地点、消费者所拥有的属性特征相似程度问题，效益转移结果可能并不十分准确；②由于某些环境商品的政策和观点目前并不存在，在可预见的未来，可能实现也比较困难，而且许多研究成果并没有公开，已经形成的研究报告也不足成为进行修正的条件；③从研究区域得出研究的结果与结论到公开发表时间周期较长，导致单位价值的估算很快变得不合适宜；④如果研究外推属性发生变化，则不推荐使用效益转移法。

(2)优点：①评价成本较低，节约各种资源；②生态产品非市场价值能较快得到评价；③评价区域越相似，偏差就越小，而且能使区域资源的价值建立在一个统一的标准之上，避免过多人为主观干预。

(3)进行效益转移时必须遵循如下步骤：①确定是否可以进行效益转移。考虑研究区域与待研究区域是否具有相似性，包括两者生态系统是否具有相似性、提供环境品质特征是否相似、人口特征是否相似。②价值转移实施。初始评价值越准确，转移后的结果越准确。③修正评价结果。转移结果确定后，依据待估区域自身特质不断修正，以便更好的反映该区域特点。

7.2.3 效益转移区域选择

本书选取武汉远城区与中心城区作为研究区域。由于每个区域都选取市民和农民作为样本主体，在研究区域采用实地调查评价农地的生态效益，为了追求问卷的质量，得到准确详实的数据，调查进展较慢，所以投入较大，最重要的原因是受时间和人力等资源的制约，本书对汉南区(市民和农民)和新洲(市民)采取效益转移法，即通过一定的技术处理，将其他调查区域的实证研究得到的环境商品或者服务的非市场价值评估技术转移到汉南地区。一方面，可以节省时间与成本；另一方面可以尝试运用效益转移技术，为以后调查地区的价值评估结果外推到其他区域奠定基础。在统一核算口径和标准下，根据区域间的总体特征差异进行调整。比如：收入、年龄、性别、教育程度、资源禀赋等社会经济方面的差异，可以将测算函数中支付意愿或者受偿意愿中的自变量用其均值进行替代从而纠正差异性，最终外推到更多更大的范围。

武汉由7个中心城区6个郊区组成，中心城区是江岸区、江汉区、硚口区(三个合为汉口)；汉阳区；武昌区、青山区、洪山区(三个合为武昌)；6个郊区是新洲区、黄陂区、东西湖区、蔡甸区、汉南区、江夏区。汉南区和其他五个远城区都属于武汉市管辖的，具有相似的资源和地理特征、相似的经济、人口特征和市场条件。中心城区和已调查远城区具有有效、详细的调查数据，而且在时间和空间上差异不大，都是研究者所做的问卷设计和调查，采用相同评价方法和统计分析技术，所以能够开展区域间的有效性比较。

7.2.4 模型设计与结果

考虑采用WTP来估计环境质量损失的经济价值。为了便于使用函数转移，WTP的计算采用回归模型。模型假设为

$$WTP = \alpha + \beta_1 x_1 + \beta_2 x_2 + \beta_3 x_3 + \varepsilon_i$$

其中，WTP表示公众每人每年对于特定非市场资源价值的支付意愿或者消费者剩余，α为常数项，β_1、β_2、β_3分别表示社会经济特征系数、研究点的资源特征系数和当地人文背景特征；ε_i为随机误差项。

整理所有区域各种资料，受访者的社会经济变量和其他变量则必须转化成相同的衡量单位。使用回归模型来推测某一时间点的相似资源的非市场价值，其中同样重要的是根据模型所测价值的误差是否在可接受范围之内。

区域耕地生态补偿研究，国内的研究案例不是很多，而且各地人文环境、社会环境、经济环境对评价耕地生态服务价值有较大影响，不同的研究人员所采用的方法有差异，各地环境政策差异等测算出来的结果会有差异，特别是在不同的国度，各国货币单位不同、年代差异也会使价值发生折现，为了避免效益转移的误差，在研究武汉市区的各个区域转移量时，可以采用在相同时间点，对相似的非市场价值进行转移。武汉市区包含

13个区域，各区环境差异不是很大，每个区域进行非市场价值的主观调查花费较大，由于时间的限制，对一些没有进行调查的区域，通过效益转移进行价值核算理论上是可行的。

表7-1 武汉市各个区域正效益转移相关指标

	城镇居民人均支配收入/元	教育程度（在校学生）	农业投入（化肥施用量）	劳动支付与货币比	农村人均纯收入/元	人均区域耕地面积（公顷）
江夏	11852	69000	23160	2.15	7128	0.0632
东西湖	15978.00	51700	10446	2.80	7457	0.0540
新洲	11211.10	7502	44046	—	6682	0.0494
汉南	11865.32	4595	7909	—	7265	0.0974
黄陂	11614.52	104000	54081	3.50	6753	0.0478
蔡甸	7161*	36474	15215	2.67	7033	0.0578

如表7-1所示，把武汉市分为中心城区和6个远城区，而研究中问卷包括市民和农民两份，所做问卷调查中缺少新洲市民问卷、汉南的市民和农民问卷，以正效益为基准拟测算出市民的WTP和农民的WTA。江夏、东西湖、黄陂、蔡甸都处于远城区，相比新洲来说，人文环境基本相似，因此选用该区作为研究基准。市民的支付意愿选择城镇居民人均支配收入、区域耕地面积、区域教育程度作为相关指标，而农民受偿意愿与农业投入、耕地规模、农村人均纯收入、受教育程度等相关。

江夏区的80份市民问卷中，有63名被访者愿意支付一定货币或者以义务劳动进行耕地资源的保护，根据平均值法计算WTP=373.10元。东西湖73份市民问卷的被访者中，有57位受访者愿意支付货币或者以义务劳动进行耕地资源保护，根据平均值法计算WTP=366.67元。中心城区212份市民问卷，167份问卷的受访者愿意支付保护费用，WTP=337.12元，蔡甸的总问卷50份，其中愿意为保护耕地资源贡献力量的有40份，平均WTP=296.67元，黄陂的调查问卷较少，仅有25份，平均WTP=362.5元。在所有的调查区域市民的支付中，各区存在差异原因在于义务劳动的天数核算的价值较高，比如黄陂愿意支付的18份问卷中，14位受访者都是愿意以劳动方式来支付保护费用，而中心城区的WTP相对不是很高，在于直接用货币支付费用所占的比例高于其他区域。总之，囿于经济现状不能直接支付较多货币，同样劳动天数也体现耕地资源的保护在受访居民心目中非常重要。

$$WTP = 128.7 + 0.006x_1 + 11.9x_2 + 1352.43x_3$$

把该模型代入原数据，求得结果见表7-2。

表7-2 所测算市民的WTP结果误差

区域	WTP[1]	误差
江夏	367.3968	0.0153
东西湖	359.1233	0.0206
黄陂	358.9290	0.0099
蔡甸	293.2369	0.0116

误差小于 5%，则可以由此模型进行新洲与汉南的支付意愿测算，结果新洲的 WTP 为 271.71 元/人，而汉南的 WTP 为 337.09 元/人。

同样，农民每个区域调查时有支付卡式调查和双边界二分式调查，因此，依据调查样本数量支付卡式采用算术平均计算结果，双边界式运用农民问卷中各个区域的 WTA 核算，依据第 6 章中计算的 WTA 额度估计参数与计算公式 $WTA = \dfrac{\ln\left[1 + \exp\left(\alpha + \sum\limits_k \gamma_k X_k\right)\right]}{-\beta}$ $\times 100$ 得出结果。测算所得各个区域农民 WTA 如表 7-3 所示。

表 7-3 所测算各个区域农民 WTA 结果

区域	双边界	支付卡	平均
中心城区	565.16	445	505.08
江夏	527.54	333.85	430.695
东西湖	517.62	321.43	419.525
黄陂	451.25	450.48	450.865
蔡甸	436.23	367.14	401.685
新洲	422.02	341.38	381.7

由于每个区域的样本量不是很多，而且部分是双边界式，部分是支付卡式，而且双边界二分式的估计参数是整体样本计算出的参数，因此，对每个区域来讲，会有些出入，同样支付卡式中，样本量的关系，平均值同样也不能反映问题。针对这种状况，虽然两种方法的结果有比较大的差异，但仍然取两者的平均值，消除两方法的弊端。

依据第 6 章影响意愿与额度因素中，受偿额度与受教育程度和耕地质量有较强的正相关，对耕地补偿的支付意愿的额度影响作用很大，因此选取宏观的指标：受教育程度、人均耕地面积和农业投入，经过反复调试发现，宏观的受偿额度仅与受教育程度呈显著相关，具有统计意义。

$$WTA = 378.9 + 0.00075 x_3$$
$$t = 10.28361 \qquad (P = 0.0617)$$

由此，求出汉南区的受偿意愿额度为 382.35 元。因此，各个区域的支付意愿额度和受偿意愿额度如表 7-4 所示。

表 7-4 各个区域的 WTP 与 WTA

区域	中心城区	江夏	东西湖	黄陂	蔡甸	新洲	汉南
WTP(元/人)	337.12	373.10	366.67	362.50	296.67	271.71	337.09
WTA(元/亩)	505.08	430.70	419.53	450.87	401.69	381.70	382.35

7.3 跨区域生态补偿转移量的测度

7.3.1 空间生态转移量

一般经济发达地区往往是资源消耗大户，为了本区域的发展不仅消耗本区域的资源，还对其他生态脆弱地区进行资源的掠夺，因此牺牲生态脆弱地区经济发展利益搞生态建设，那是不现实的，很难达到预期的生态建设的效果。而运用经济手段让经济发达地区资源消耗大户对生态建设保护埋单，各区域应公平分担对被破坏的生态系统的补偿费用，这是协调区域经济与生态，并确保生态环境建设得以可持续发展的重要举措之一。

对于宏观区域之间的补偿，政府之间转移支付可以通过间接生态赤字与盈余来确定，耕地保护的之间消费者与供给者之间的支付意愿与受偿意愿能有效解决这一问题。要求受益地区为生态付出地区做出补偿，区域之间、人与人之间应该享有平等的公共服务，享有平等的生态环境福利。

市民和农民是耕地正效益的相关利益主体，是耕地生态效益的享用者和供给者，因此，市民应提供补偿，而农民应给予补偿，以激励其正生态效益的继续供给和协调利益相关者利益均衡。市民的 WTP 是每人每年支付的额度，转变成单位面积的耕地的支付额度(表 7-5)。

表 7-5　各个区域转换后 WTP 与 WTA

区域	中心城区	江夏	东西湖	黄陂	蔡甸	新洲	汉南
WTP/(元/hm²)	167860.50	2139.30	2162.70	1379.10	1404.90	1241.85	875.70
WTA/(元/hm2)	7576.20	6460.50	6292.95	6763.05	6025.35	5725.50	5735.25

从表 7-5 中可以看出，仅有中心城区的支付意愿大于受偿意愿，而且是远远大于，因此，支付意愿意味着武汉市中心城区的市民愿意为享受的耕地提供的各种生态系统服务所支付的费用或者认为自己所享有的生态系统服务的价值。但事实上，该区域农民提供的生态服务价值远远小于所享有的价值，也就说明有一部分市民所享有的生态服务价值来源于其他区域，而这些区域是江夏、东西湖、黄陂、蔡甸、新洲和汉南区域，即远城区。武汉远城区的所有的农民的受偿意愿大于支付意愿，意味着该区域仍然存在生态服务的盈余，盈余部分被中心城区享用，应该给予补偿。因此，区域之间生态补偿可以实现各区域相关利益主体福利均衡及耕地生态保护责任共担、效益共享。

7.3.2　跨区域生态补偿分配及转移

依据补偿的理论框架，以武汉市区作为一个封闭的区域。但一般来讲，同一受访主体受偿额度一般都会大于支付额度，因此需要对农民的受偿额度进行修正，消除高估其受偿的意愿。通过第 6 章中同一受访群体受偿与支付的核算可知调查中同一受访群体受偿意愿平均是支付意愿的 1.5 倍左右，因此，按受偿意愿与支付意愿的中间值作为修正过的受偿额度，取原始受偿意愿系数 0.8 作为修正值。根据修正后的农民受偿额度，可知中心城区、江夏区、东西湖区、黄陂区、蔡甸区、新洲区、汉南地区每公顷耕地农民期望得到补偿额度为分别为 6060.96 元、5168.4 元、5034.36 元、5410.44 元、4820.28 元、4580.4 元、4588.2 元。但事实上，江夏市民愿意支付的额度为每公顷 2139.3 元，东西湖市民愿意支付的额度为每公顷 2162.7 元，黄陂市民愿意支付的额度为每公顷耕地 1379.1 元，蔡甸市民愿意支付的额度为每公顷耕地 93.66 元，新洲市民愿意支付的额度为每公顷耕地 1241.85 元，汉南市民愿意支付的额度为每公顷耕地 875.7 元。依据受益者的经济承受能力、实际支付意愿和保护者的需求最终确定，不足部分需要中心城区给予区域补偿(表 7-6)。

因此，跨区域补偿结果为中心城区应给予江夏区 12186.07 万元耕地补偿，给予东西湖、黄陂、蔡甸、新洲汉南分别为 4092.12 万元、21769.24 万元、8856.08 万元、16348.88 万元、3883.28 万元补偿。

依据第 6 章基于正外部性武汉市耕地生态补偿额度的弹性范围 4183.35~9521.85 元/hm²。可知基于保护者需求和对发展权的尊重，武汉各区的受偿意愿得以满足，市民支付意愿费用不足部分由区域转移支付实现，最终实现生态资源的优化配置。

表 7-6　跨区域耕地生态补偿结果

区域	江夏	东西湖	黄陂	蔡甸	新洲	汉南
修正后 WTA/(元/hm²)	5168.4	5034.36	5410.44	4820.28	4580.4	4588.2
跨区域补偿/(元/hm²)	3029.1	2871.66	4031.34	3415.38	3338.55	3712.5
区域补偿资金/(万元)	12186.07	4092.12	21769.24	8856.08	16348.88	3883.28

第8章 研究结论与讨论

本书立足于人工耕地生态系统所产生的生态服务价值，采用相关理论分析和实证分析方法，研究了耕地生态系统中相关利益主体利益关系和相关主体的博弈关系，并对耕地生态系统的相关利益主体（供给者和享用着）认知、态度和行为现状等问题进行分析；着重分析了影响相关利益主体保护耕地资源意愿和动机的主要因素和支付保护金额的响应因素；基于耕地生态系统的理论基础，采用两种方法对耕地生态补偿额度进行核算，以期找出合理的资源评价额度与标准。依据相关利益主体关系把耕地生态补偿分为区域内耕地生态补偿和跨区域耕地生态补偿，结合区域空间外部性，比较支付意愿和受偿意愿的大小，确定生态赤字区和生态盈余区，并依据意愿差额确定区域补偿额度。通过以上各章的研究和讨论，本章将总结整个研究的主要结论，并给出一定的政策与建议。针对本书中存在的不足之处，提出未来需进一步研究的方向。

8.1 研究基本结论

1. 土地资源配置、节约、集约利用耕地资源的必要条件

一般情况下，土地资源配置并不能自动地实现土地利用的帕累托最优，耕地资源生态补偿是优化土地资源配置、节约、集约利用耕地资源的必要条件。耕地资源具有公共产品的属性，能直接影响他人的经济环境和经济状况，而该影响市场无法解决，导致社会最优供给不足。实现社会福利最大化、土地优化配置帕累托最优可知耕地和建设用地之间单位差异为 $\frac{\partial U}{\partial E}\frac{\partial E}{\partial L_1}$，较低耕地利用收益使土地利用的私人决策倾向土地配置的非农化。耕地存在着为人类提供生态服务功能的正面效应，又存在着大量化肥、灌溉水和农药的高投入等不合理利用带来的资源破坏和环境污染等方面的负效应。由模型的不等式 $\lambda_1 < P_1$ 可知由于耕地生态环境所产生的效益，致使农产品的最优价格必须高于私人产品边际成本，这时就需要某一全民利益代表调节价格以达到平衡价格和边际成本之间的关系，解决私人土地利用决策与社会土地利用决策不一致的矛盾。通过消费者支付额外价格使总价格等于边际外部成本或者激励农民促使农产品外在成本内部化，最终获得社会效益最大，以确保社会最优的产出。耕地生态补偿可能是解决该问题的最优途径，即从正外部性溢出部分中拿出一部分来补偿给予正外部性效应的供给者，使私人供给量增加到社会最优量，弱化负外部性的产生。政府应当通过生态补偿方式使土地资源价值得到全面实现，弥补市场上缺乏土地资源非市场价值，使农民收入得到较大提高，解决因激励缺乏导致的社会最优供给不足，重新达到帕累托最优状态，克服外部性所带来的效率损失问题。

2.耕地资源保护利益主体利益关系与博弈结果

依据耕地资源保护利益主体利益关系和博弈分析，耕地生态补偿分为微观区域内部耕地生态补偿和宏观跨区域耕地生态补偿。从宏观区域角度，耕地生态服务的主要利益相关者包括中央政府、地方政府；从区域内部角度，耕地生态服务利益相关者主要包括供给者(农民)、享用者(市民)。耕地生态服务生产者和供给者是一直从事农业生产和耕作的农民，而消费者是从事非农业生产的市民。随着社会经济发展，人们对生活品质追求提高，耕地所提供的生态产品就成为一种需求，比如清新空气、休闲观光、消遣娱乐等功能，很多人愿意为得到耕地提供非市场的生态服务支付费用，但在没有任何制度约束条件和强制性管制下，没有人主动给予生态服务支付费用，"免费搭便车"已成为一种习惯。而农民也不会对耕地资源进行保护和一直提供经济利益较低的生态产品和社会产品，两者直接博弈中农民与市民之间占优策略是(不保护，不补偿)。最终，耕地资源的质量和数量不断下降，耕地资源的生态安全和粮食安全受到不断的挑战。

中央政府与地方政府博弈过程中地方政府处于信息优势和操作优势地位，在信息不对称情况下地方政府往往存在规避保护责任，使得中央政府管制政策往往难以发挥制度效力。导致地方政府之间在规避责任和遵守制度规则下存在利益不均衡，从效率和公平角度，不利于区域经济发展。保护责任多寡之间的地方政府经过多次重复博弈纳什均衡结果仍然是(不保护，不补偿)。中央政府作为全体利益代表，制度的制定者与仲裁者，不能有效抑制各级政府对土地非农化巨额增值收益的诉求。而全体社会公众实现社会福利最大化，生态产品和社会保障功能需求的事实是不容置疑的，依靠中央政府作为媒介进行协商，通过管制与激励相结合制度的安排，能达到调整相关者利益分配关系，实现社会福利均衡目的。

中央政府作为媒介，受益者给予所有耕地保护者和种植者补偿，以鼓励其继续供给耕地生态服务产品，并纠正耕地保护过程中不良生产行为和生产方式，该补偿属于区域内部本体补偿，即所有的耕地都应给予补偿。同样，中央政府作为媒介，受益地区应给予受损地区补偿，以弥补因保护较多耕地资源限制经济发展或者发展受限区域经济发展所受到的损失，平衡区域之间经济利益，实现区域间社会福利均衡，该补偿即是跨区域耕地生态补偿。

3.受访居民的耕地生态服务和耕地保护政策认知程度

受访居民对耕地资源生态服务和耕地资源保护政策的认知程度有限。经过调查人员环境背景介绍，调查者能认识到耕地生态服务系统的重要性，但由于农民受到教育程度、认识水平等方面局限。农民对耕地生态正效益认识程度低于市民。无论市民还是农民均对耕地资源产品供给作用认知明显，但其他功能与作用认知不清。对于耕地资源的负生态效益，市民对其感受较深刻，认为化肥、农药对家庭生活影响非常严重，政府应对其采取相应措施，减少化肥、农药施用量，保护耕地资源和减少人类健康危害。总之，所有受访者对于耕地保护政策了解认知程度不高，这也是耕地保护工作没有落实到基层、耕地保护政策效力不高的主要原因之一。

4.受访居民参与耕地保护意愿的影响结果

一般来说，受访居民参与耕地资源保护意愿与受访者自身特征、社会特征和经济特征有关。本书运用 Logistic 模型分析受访居民(市民与农民)参与耕地保护响应意愿的影响因素。农民保护支付意愿影响因素分析中受教育程度、受访者家庭收入、耕地规模、区域环境质量、耕地保护政策认知、是否愿意耕地被征收与支付意愿在统计上显著相关。其中区域环境质量与农民是否愿意支付呈负相关，其他显著因素呈正相关。

对市民参与耕地正效益保护意愿有显著影响的因素包括：年龄、政治面貌(是否为党员)、受访者家庭总收入、健康状况、区域环境质量、耕地保护政策认知、对耕地感情深厚程度。市民与农民在统计上显著因素不同，可能由于农民与市民的受教育程度不同、经济基础和城市与农村的生活方式和态度差异导致的。例，受教育程度在农民的影响支付意愿显著，但市民的影响上不显著，而且受教育程度在市民的影响支付意愿与理论假设不一致。可能是在所有的不愿意参与耕地资源保护受访者中，年龄结构 30 岁以及 30 岁以下的占据 47.30%，这部分受访者相对于其他年龄结构层次人群受教育程度较高，但这部分人群不愿意支付的主要原因是刚步入社会，经济能力有限。

整体上保护意愿与居民环境意识、耕地保护政策认知及经济能力呈显著正相关关系。说明随着环境意识增强，认识程度增加，生活条件改善，公众对耕地保护偏好不断增强。

5.区域内部耕地生态补偿额度核算

基于不同角度和不同方法评估区域内部耕地生态补偿额度。

(1)基于耕地外部效益的耕地生态补偿核算。研究以耕地提供的正负生态服务为对象，构建不同假想市场，运用方便易懂的条件价值法揭示供给方和需求方的支付意愿和受偿意愿。从城市居民作为耕地保护的间接受益者与享用着角度，基于耕地提供正效益为出发点其耕地生态补偿额度为每公顷耕地 9521.85 元，而基于耕地提供负效益为出发点其估算结果为每公顷耕地资源 10556.25 元。从农民作为耕地资源保护执行主体，是耕地资源生态服务的供给者和保护者而言，基于正效益耕地生态补偿额度为每公顷 4183.35 元，而基于负效益角度耕地生态补偿额度为每公顷 4076.7 元。

可以看出市民核算耕地生态补偿额远远高于农民的意愿，其差异也符合不同利益群体的经济承受能力与支付意愿有较强相关的理论假设。在实证过程中，不同假想市场(受偿意愿与支付意愿)和不同受访群体进行对比，最后确定最高上限和最低下限弹性区间作为补偿额度。基于正外部效益每公顷耕地补偿额 4183.35~9521.85 元，基于负外部效益每公顷耕地补偿额 4076.7~10556.25 元/hm^2。

(2)基于耕地保护属性的耕地生态补偿核算。CE 通过受访者对问题的选择能转化成效用问题，从而将异质性受访者多属性决策问题转化成价值量支付问题，揭示出环境价值偏好。通过耕地生态补偿项目实施的目的和我国耕地资源保护现状确定耕地面积、耕地肥力与质量、耕地周边景观与生态环境和耕地保护的支付费用为耕地生态保护政策的四个属性。运用多项式 Logit 效用选择模型，核算出耕地面积、耕地肥力和生态环境属性价值及其四个属性组合方案中最优方案意愿支付的价值量。结果显示，耕地保护政策边际属性价值中农民认为耕地面积属性、耕地肥力属性、耕地周边生态景观与生态环境属性价值分别为 24.31 元、37.47 元、44.05 元；市民认为三个属性边际价值分别为 23.44 元、75.16 元、154.41 元。三个属性边际价值大小可知农民与市民对三个属性重要性排序是相同的，周边景观与生态环境处于首位，其次是耕地肥力与质量，最后是耕地面积。排序及其农民与市民价值认同差异符合理论预期，也说明结果具有合理性和可行性。CE 评估出农民每公顷耕地资源愿意补偿额度为 1681.95 元，市民每公顷耕地资源补偿额度为 6766.05 元。

CE 与 CVM 方法之间存在较大评价差异，可能原因是 CE 方法还不成熟，其应用还处于起步阶段，问卷设计和问卷调查的实施难道较大，受访者回答众多不熟悉选择方案较困难、负担较重。当然 CE 也存在很多 CVM 无法比拟的优点。CE 与 CVM 每种方法都存在一定的优点和弊端，耕地生态补偿额度的确定结合两种方法。CE 方法与 CVM 方法的相交区间为本书确定武汉市最终补偿弹性区间结果，即为每公顷耕地 4183.35～6766.05 元或 4076.7～6766.05 元补偿。

6. 跨区域耕地生态补偿额度核算

对于宏观空间外部性，本书尝试运用 CVM 中基于耕地生态正效益角度测算出的结果，解决跨区域生态补偿问题。由于空间外部性存在，区域之间福利存在"暴损"与"暴溢"的非均衡性，造成社会分配不公，经济发展和生态环境建设受到抑制。因此，跨区域生态补偿能有效调整生态服务系统相关主体的利益分配关系，促进国家、城乡、地区和群体间的公平性发展，但区域之间补偿额度问题成为一难题，一般而言，本地区愿意提供生态服务数量仅限于本辖区的边际效益与边际成本相等时所决定的供应量，但事实上，生态服务的空间流通性和扩散性，可能也为本辖区之外的多个地区提供大量的生态服务。提供生态服务或者接受其他区域的生态服务依赖于生态量的赤字与盈余。如果耕地利用过程和保护过程中主要的利益相关者农民受偿意愿大于市民支付意愿，则该区域为盈余，应获得其他区域的补偿，反之，农民的受偿意愿小于市民的支付意愿，则该区域为赤字，应给予其他区域补偿。

本书能为跨区域生态补偿提供一种核算思路。跨区域生态补偿额度在执行过程中是各利益主体不断博弈的结果，同时还受社会经济发展水平的影响和制约。因此，本书从农民作为农地保护执行主体参与农地保护需要接受政府补偿（WTA）和居民在当前经济状况下享受到耕地资源提供的各种生态服务所愿意支付经济补偿（WTP）角度出发，依据支付意愿和接受意愿的差异性，确定赤字区域与盈余区域，赤字区域应该给予盈余区域补偿，盈余区域应该接受赤字区域的补偿。不同区域利益主体补偿与支付能促进区域之间福利公平性和生态文明社会的协调发展。在对武汉市区每个辖区农民的受偿意愿和市民的支付意愿的核算时，由于问卷调查时间和成本限制，汉南区和新洲的市民问卷没有做调查，因此，采用效益转移方法，利用其他辖区的调查结果评价资源价值，经过调整后移植到汉南区和新洲辖区。新洲区的 WTP 为每人 271.71 元，汉南的 WTP 为每人 337.09 元，WTA 为每亩耕地 382.35 元。依据武汉市各个辖区的支付意愿和受偿意愿额度大小，可知，武汉中心城区所获得生态服务价值远远小于所提供的价值，应是赤字区域，应给予其他区域补偿，而江夏、东西湖、黄陂、蔡甸、新洲和汉南区所有受偿意愿大于支付意愿，意味着该区域是生态盈余区，应得到赤字区域的补偿。

以武汉市中心城区与远郊区为例，跨区域补偿结果为中心城区应给予其他远城区补偿，给予江夏区、东西湖、黄陂、蔡甸、新洲、汉南区跨区域耕地生态补偿额度为12186.07 万元、4092.12 万元、21769.24 万元、8856.08 万元、16348.88 万元、3883.28 万元补偿。

当然，在实际操作过程中，生态补偿标准是建立生态补偿机制的核心问题，与此同时也是补偿实施效果成败的关键，所确定生态补偿标准应在某弹性区间内，每年应有所变化这样才具有实践指导意义。

8.2　研究讨论

1.耕地生态系统的正负生态效益

耕地资源准公共产品属性，在追逐利润最大化的资本面前，其经济效益逐渐弱化，而耕地资源是人工生态系统，在追逐片面经济利益情况下，大量化肥、灌溉水和农药的高投入，不合理利用带来的资源破坏和环境污染等方面的负效应。致使耕地生态系统不仅具有生态服务功能，还具有生态非服务功能，兼具正负双重环境效应。依据补偿原则"谁受益、谁补偿，谁污染、谁付费"，整个农业发展主体农民应该是正生态效益的收益者，但同时也是污染产生的付费者。美国和欧盟采用农业环保税手段促使农民减少使用有害于环境的农业生产方式，但由于该方法对农民增加收入具有负面影响，虽然充分体现了"谁污染谁补偿"的原则，但在实践操作过程中美国和欧盟农业环保政策的作用并不明显(尹红，2005)。研究表明，对于经济利益低下，具有生态安全和社会保障功能的耕地资源而言，在价格扭曲、污染者支付能力有限等现实情况下，"污染者付费"原则又存在许多操作上的难题。

因此，在环境法学界，"损害由社会承担"的现代观点逐步取代了"损害由发生之处来负责"的传统观点。对于一些经济效益较低，社会和生态效益较高的公共产品，私人决策与公共决策存在矛盾的领域，由国家出面组织或给予政策扶持，由"谁侵害谁负责"到"谁受益到谁负责"不仅理论上能成立，实际操作上也是可行性的(张云，2007)。

因此，耕地经济价值微薄，耕地使用者和保护者主体支付补偿费用是不可能。要遵循个人责任和社会责任结合，耕地具有生态非服务功能，由社会共同承担，给予耕地所提供的正外部性补偿，以激励提供者继续提供，耕地利用过程中所产生的负外部性由社会共同承担，促使耕地利用过程中负外部的减少。

2.内部耕地生态补偿问题

在整个耕地生态补偿理论框架中，耕地资源自身属性特征决定了耕地资源生态补偿必要性。区域内部耕地生态补偿意味着任何耕地资源保护行为，因造成利益主体权益损失，都应获得生态补偿。无论该保护行为是在基本农田保护区或者非基本农田保护区、国土空间用途管制的优化开发区或者是禁止开发区，其获得补偿权益应得以保证。耕地生态补偿制度实施必须解决一个核心问题就是耕地生态补偿额度问题。

1)运用条件价值法和选择实验法获得耕地生态补偿额度具有一定差异性

其差异可能性：①两种方法的理论基础、计算方法不同。②两种方法设计的初始支付货币范围不同。条件价值法的支付与受偿额度范围为 50~800 元，并且还辅助开放式调查方式，而选择实验法基于属性状态水平个数限制支付额度范围仅有 0~200 元。

2)最终补偿额度取决于两种方法弹性区间交集的可行性

CE 模型核算结果与耕地保护支付费用属性状态水平有很大关系，货币属性水平的确定依赖于 CVM 预调查结果。50、100、200 是大部分受访者所能接受、可行的支付额度。但不排除受访者有个案，仅有这三个货币档没有辅助开放式额度需求，限制了受访者有更高的支付需求，因此造成 CE 结果偏低。当然开放式调查及其较多的选项设置，同样也可能因为部分受访居民虚荣心理因素和出于对调查者尊重等个体特征存在高估价值的可能性，因此，造成 CVM 结果可能偏高。两种方法都是基于不同受访群体，而且市民受访群体保护意愿与支付货币额度都是高于农民受访群体的意愿与额度。最后取农民支付意愿与市民的支付意愿作为一种方法的上下弹性区间，这也符合支付能力与经济水平和认知程度相关的理论预期，也满足利益主体双方消费需求和认知需求。两种方法核算结果的交集即是取 CVM 的下限值和 CE 核算结果的上限值，能有效降低两种方法的误差，尽可能使补偿额度接近受访居民情景偏好。总之，最终耕地生态补偿额度的确定具有一定的合理性和可行性。

3)区域内部耕地生态补偿额度适宜性和实用性

基于条件价值评估法(CVM)和选择实验法(CE)测算出研究区耕地生态补偿最高和最低补偿标准表现为一定的弹性区间，即 4183.35~6766.05 元/hm² 或 4076.7~6766.05 元/hm²。当然该弹性区间仅仅是在研究区某一时段补偿额度，其随着社会经济发展，其区间上限和下限应该同时具有动态的增长趋势。

(1)2004 年以来，国家粮食直补政策以及一系列向种粮农户和种粮地区倾斜的政策，其实质就是对耕地保护主体农户给予一定经济鼓励和激励。2010 年武汉市粮食直补和农资综合补贴的品种仍以农民种植稻谷、小麦、玉米三个粮食作物品种的实际面积为补贴对象。以江夏区为例，粮食直补标准为每公顷补贴 180 元，农资综合补贴标准为每公顷补贴 665.10 元，合计为 845.10 元/hm²。明显与测算出耕地生态补偿下限补偿标准(弹性区间下限)相差一定距离。同样印证中国目前农业补贴标准较低，不能达到政策应有的积极效应。调查显示 51% 的农民对农民补贴比较满意，49% 的农民不满意，原因是补贴标准太低，补偿不到位。57.8% 的受访农民认为农业补贴不能提高农民收入水平。对于农业补贴提高 25%、提高 50%、提高 75%、提高 100% 四个档次后其补偿标准是否满意问题回答，提高 25% 补贴标准仍有 37% 农民不满意，提高到 100% 补贴额度时不满意度下降到 13%。江夏区直接货币补贴额度达到 1690.20 元/hm² 时，可能仍有约 10% 左右的农民不满意。而本书的下限值基本上能满足大多数农民的补贴需求。

(2)近年国内一些经济发达地区及城市借鉴国外成功经验，建立耕地保护基金，对承担保护耕地和基本农田责任的农村集体经济组织和农民给予一定数量的经济补偿。成都市 2008 年率先提出建立耕地保护基金，对承担保护耕地任务的农民直接进行补贴，依据耕地质量，对基本农田和耕地分别按照每年每公顷 6000 元和 4500 元的标准补偿。佛山 2009 年开始研究对基本农田进行补贴，于 2010 年 4 月 1 日起在全市实行，依据经济发展水平给予每年每公顷 3000 元和 7500 元的补偿标准。补偿的最高值到达了本书所确定耕地生态补偿弹性区间的上限每年每公顷 6750 元左右。依据发达区域或者城市每年 3000～7500 元/hm² 不等的直接补贴或补偿，有理由认为本书所确定的补偿额度具有现实性和适宜性。

3.跨区域耕地生态补偿问题

空间外部性导致土地利用的配置不能达到帕累托最优的最佳状态。从宏观和微观两个层面来探讨空间外部性外溢现象。微观尺度空间外部性是相邻地块的不同利用方式之间相互影响，距离外部不经济地块边界越近，其损失越大，该破坏程度也依赖于外部不经济地块的规模。宏观尺度空间外部性是为了协调区域经济发展中的公平与效率的问题。在市场上缺乏生态服务价值以及人们认识程度不高的情况下，宏观尺度空间外部性的探讨具有现实意义。本书以宏观尺度武汉市区为例，研究跨区域耕地生态补偿问题。按照区域之间土地利用的比较优势来配置土地资源(周小萍等，2009)，发达地区建设用地的比较优势相对明显，国家在政策上对发达地区的耕地保有量和建设用地指标上有所倾斜，造成区域间利益相关者利益的非均衡性和生态服务辖区间的外溢效应免费搭便车。通过区域之间生态效益的转移，可以使耕地生态服务的供给者和受益者在成本分担与收益分享上趋于公平和合理，从而实现耕地资源保护的正外部效应内在化，激励所有经济主体积极参与耕地保护实践。

区域之间的生态效益转移，通过经济和生态补偿手段，实现区域间利益群体福利的均衡，但区域之间补偿标准核算成为一个技术难题。

跨区域耕地生态补偿是基于相关利益权益受损而给予经济补偿。跨区域补偿中不能确定利益主体所应当分享的合理份额及贡献度，只能给予代表区域整体利益的政府来合理使用补偿资金和确定资金使用方向。区内耕地生态补偿资金直接发放给农民，跨区域耕地生态补偿需要立足于经济长远发展，结合当地环境状况，确定一个正确的资金投向。跨区域补偿中相关利益群体包括农民、集体经济组织及地方政府三者，资金使用围绕着能给三者带来利益的农业、农村和农民问题上。土地整理资金主要用于高标准基本农田建设，以建设促进耕地资源保护问题，能改善了农民生产生活条件，有效地促进了农业增效、农民增收，加快了新农村建设进程，并为经济建设和社会发展提供用地保障。因此，跨区域补偿资金用于区域农村土地整理是个理想投资方向。土地整理工作需要大量的人力、物力、财力，搞好基本农田保护和建设、耕地开发，其中资金问题是制约土地整理的一个关键问题。跨区域耕地生态补偿能弥补土地整理资金短缺问题，实现生态－经济－社会协调发展。因此，跨区域耕地生态补偿和土地整理资金有力结合能更好实现相关利益群体(农民、集体经济组织及地方政府)利益共享。

8.3 政策建议

结合国内外研究实践和经验与本书所得出的结论，提出耕地保护制度的政策与建议。

(1)宣传耕地保护制度，提高全民参与耕地保护意识。耕地保护与全社会公民的生活息息相关，耕地质量和数量关系到民众的生活质量和状况，必须得到全社会的关心和支持，对耕地保护不利行为进行约束与管制的制度应得到大家认可，并了解其内容，才能确保耕地保护制度的顺利实施。我国生态补偿理论研究和实践还处于探索阶段，还没有形成可操作的生态补偿机制。因此，应加大宣传力度，提高人们的环境意识水平，使公众了解和认识耕地所产生的生态、社会效益的重要性以及对社会发展的意义，提高公众生态环境意识与耕地保护生态补偿意识。在现代市场经济中，人们所能接受并有现实支付能力的市场价格就成为衡量一切生产产品和自然资源市场价值的标准（美国估价学会，2001）。对非市场价值生态产品和资源往往缺乏认知，应鼓励每一位公民和每一个社会团体积极有序的参与维护我国粮食安全和生态安全重任中，努力使耕地保护利益相关者能从思想上真正接受生态补偿观念，使利益受益者有补偿的意愿，利益受损方有获得补偿的权利。与此同时，全民参与耕地保护中，能有效发挥社会和公众对政府决策的参与和监督来避免政府失灵和扭曲，也是公众参与维护环境保护的重要性和现实意义之所在。

(2)调整农地补贴称谓与标准，实施在某一弹性范围之内的补贴额度，并与耕地质量、数量增减相挂钩。我国农业补贴目的是为了保护农民利益，保障粮食安全和社会稳定。目前农业补偿思想仍是提高农民收入而给予的一种补贴救济行为方式，农业补贴重视农民，轻视农业，注重保障，轻视倡导，根本没有涉及生态补偿思想。而生态补偿真正鼓励和支持所有者和管理者保护生态系统，增加耕地保护动力，社会和个人共同承担耕地生态服务供给成本，形成保护耕地获利与占用耕地付出成本间的均衡状态，渗透环境服务价值与思想，促进耕地保护工作（姜广辉等，2008）。因此，农业补贴调整为农地生态补偿，提高补偿的标准。考虑到我国经济能力薄弱的特殊国情以及已有的补偿理论与核算标准，综合权衡，从价值准确性与可操作性考虑，确定各个区域可行、合理的具有一定弹性的补偿标准。针对耕地生态补偿，借鉴美国等国家跨州税收建立横向区际区域补偿机制，实施宏观跨区域耕地生态补偿，协调区域间经济利益与资金分配不公问题，最终实现整个区域协调、可持续发展。微观区域内本体耕地生态补偿在时空上具有差别化，借鉴德国耕地质量差异的差别化补偿额度，耕地补偿标准应与耕地数量、质量增减额度相挂钩，建立耕地质量与数量评价体系，能有效确保耕地肥力，提高粮食生产能力，达到制度实施的预期目标。

(3)建立多种融资渠道的耕地生态补偿制度，增强政策机制的运行效果，并强化部门监督监控职能。制度即让一个或更多经济人增进自身福利而不使其他人福利减少，或让经济人在他们的预算约束下达到更高的目标水平（林毅夫，2000）。耕地生态补偿制度建立后注重增强耕地生态补偿的现实操作性，减少制度成本、提高实施效率。建立多元化融资渠道，为生态补偿提供持续的资金支持。我国生态补偿的融资方式应该向国家、集体、非政府组织和个人共同参与的多元化融资机制转变，拓宽生态环境保护与建设投入渠道。中央财政拨款、发行生态彩票、开征生态税等建立耕地生态保护基金，尝试采取具有科学性、可操作性生态补偿模式，增强政策机制的运行效果。

生态补偿机制实施后的绩效与管理同等重要。英国通过激励和监督并举的方式达到保护耕地的目的。因此，耕地生态补偿政策建立后，必须建立监督机构对生态资金的落实及生态环境保护情况进行监督管理，不断对监督管理情况进行总结反馈，建立起一个"重实绩、奖优罚劣"的绩效评价体系，使生态补偿政策真正起到激励生态环境保护行为，是耕地生态补偿制度能否顺利建立与实施的保障。

8.4　不足与展望

8.4.1　研究不足

本书以湖北省武汉市为实证对象，以调查数据为基础，研究耕地生态补偿及其补偿额度问题。本书经过分析虽然得出一些结论，但不够深入全面，在研究资料、研究方法、研究深度等方面还存在诸多不足之处，需要在进一步的研究中不断完善。

(1)不同主体支付意愿和接受意愿的一致性和转换误差问题。本书的核心问题是单位面积区域内部耕地生态补偿额度和跨区域耕地生态补偿额度即每亩耕地需要补偿货币的多寡问题。问卷调查时需要了解相关利益主体的支付意愿和受偿意愿。实际调研中，对农民询问的是每亩耕地需要支付或者受偿意愿，而因为大部分市民缺少以亩为单位的面积概念，故在调研中对市民询问的是每年每人支付意愿与受偿意愿。若将两者进行对比，需要转化成单位面积耕地补偿意愿。由于问卷调查中采用的单位不同，转换过程中人口和耕地面积之间的差异造成了一定的测算误差。

(2)生态补偿额度评估的偏差及处理技术问题。CVM是一种较成熟的评估资源环境价值的方法，适用范围广泛，而目前CE在国内使用较少，尚处于起步阶段，但具有无可比拟的优点。虽然CE与CVM两种方法都是一种主观评价资源非市场价值的方法，但方法能尊重利益主体的意愿及支付能力，具有较强的适宜性和实用性，备受研究者的关注。本书在理解理论方法基础之上，不断优化问卷，提高设计水平和技术，以尽可能较少误差，使评估值接近真实值。但无论如何优化问卷，偏差不可能消除。CE问卷设计存在一定的难度，在众多选择中人们难以准确的做出客观的偏好选择，而且在计量经济分析中也存在一定的技术问题。在目前生态服务价值难以在市场上体现、人们认识程度有限情况下，本书测算出的结果只能是对真实值的一种逼近。

(3)地类异质性及其外部性和生态补偿偏差问题。不同的种植结构具有不同的生态服务功能，比如水田、旱地、园地。按照生态服务功能外部性溢出效应不同其补偿额度应有所差异。耕地生态补偿就如农业补贴方式，不同的种植结构补偿额度应有差异。本书在设计调查问卷时考虑了种植结构差异化问题，但由于受访居民甚至常年从事农业生产的农民都不能准确区分不同种植结构的差异，致使调查结果不是很理想。因此，本书仅对整体耕地的补偿问题进行探讨。

(4)权属差异性及其外部性和生态补偿偏差问题。产权是会对受访居民偏好产生影响的，但本书没有考虑耕地产权对支付意愿与受偿意愿的影响，有失科学性。比如东西湖区耕地资源产权属于国家所有，农民福利水平明显高于其他集体所有区域，必然抬高当地居民支付意愿与接受意愿。

8.4.2　研究展望

(1)耕地资源外部性内部化是一个较复杂的难题，通过两种不同方法核算的标准与额度为其他地区生态补偿机制的构建提供方法借鉴和示范作用，但能否在全国做进一步修正后使用需要进一步研究。

(2)耕地生态补偿为了保护耕地资源，鼓励耕地资源的供给问题，理论上耕地生态补偿具有时空性，随着时间的推移，耕地质量的变化，补偿标准应会有差异，只有这样耕地生态补偿机制才能达到预期理想效果。但耕地质量监测与评价如何在社会实践中操作还需进一步研究。

(3)区域耕地生态补偿核算中，仅考虑区域的支付额度或者获得额度，没有进一步探讨相关利益主体权益得失，获取主体间利益分配比例及其所应当分享的合理份额。生态盈余区获得生态补偿如何在盈余区地方政府、具有土地所有权的集体经济组织和具有土地使用权农民三者之间合理分配这一补偿金额，建立初始的利益分配机制需要进一步研究探讨。

(4)空间外部性探讨过程中，没有考虑外部性边界问题。理论上外部性边界为影响值大小为0的区域，从外部性最强区域到影响为0之间的影响应该是具有渐变过程，遵循距离衰减原理。但由于空间外部性影响极具复杂性，本书仅对微观尺度空间外部性作了理论行探讨，没有实证研究，对宏观尺度空间外部性探讨时仅把武汉市各个区域作为一个整体，各个区域之间具有生态流动性，没有探讨武汉市与其他外部区域之间的外部性问题。

参 考 文 献

蔡春光，陈功，乔晓春，等.2007.单边界、双边界二分式条件价值评估方法的比较.中国环境科学，27(1)：39－43.

蔡剑辉.2003.论森林生态服务的经济补偿.林业经济，6：43－45.

蔡银莺，李晓云，张安录.2005.农地城市流转对区域生态系统服务价值的影响.农业现代化研究，26(3)：186－189.

蔡银莺，李晓云，张安录.2007.湖北省农地资源价值研究.自然资源学报，22(1)：121－130.

蔡银莺，张安录.2007.武汉市农地非市场价值评估.生态学报，27(2)：763－773.

蔡银莺，张安录.2010.农地生态与农地价值关系.北京：科学出版社：4.

蔡运龙，霍雅勤.2006.中国耕地价值重建方法与案例研究.地理学报，61(10)：1084－1092.

蔡运龙，俞奉庆.2004.中国耕地问题的症结与治本之策.中国土地科学，18(3)：13－17.

曹明德，黄东.2007.论土地资源生态补偿.法制与社会发展，3：96－105.

陈波，王雅鹏.2006.湖北省粮食补贴方式改革的调查分析.经济问题，3：50－52.

陈建成，刘进宝，等.2008.30年来中国农业经济政策及其效果分析.中国人资源环境，，18(5)：1－6.

陈丽，曲福田，师学义.2006.土地利用规划中的利益均衡问题.中国土地科学，20(5)：42－47.

陈旻，方斌，葛雄灿.2009.耕地保护区域经济补偿的框架研究.中国国土资源经济，4：15－18.

陈亚恒.2008.占补耕地数量质量折算方法研究.河北：农业大学硕士论文：16.

陈源泉，高旺盛.2007.农业生态补偿的原理与决策模型初探.中国农学通报，23(10)：163－166.

陈志刚，黄贤金，等.2009.耕地保护补偿意愿及其影响机理研究.中国土地科学，23(6)：20－25.

程明.2010.北京跨界水源功能区生态补偿标准初探—以官厅水库流域怀来县为例.湖北经济学院学报，7(5)：11－12.

程淑兰，石敏俊，王新艳.2006.应用两阶段二分式虚拟市场评价法消除环境价值货币评估的偏差.资源科学，28(2)：191－198.

戴星翼，俞厚未，董梅.2005.生态服务的价值实现.北京：科学出版社：78－91.

邓坤枚，石培礼，谢高地.2002.长江上游森林生态系统水源涵养量与价值的研究.资源科学，24(6)：68－73.

丁成日.2008.美国土地开发权转让制度及其对中国耕地保护的启示.中国土地科学，22(3)：75－80.

丁四保，王昱.2010.区域生态补偿的基础理论与实践问题研究.北京：科学出版社：130－133.

董长瑞.2003.西方经济学.北京：经济科学出版社：190.

董运来，赵慧娥，王大超.2008.国外农业补贴的经验及借鉴.沈阳工业大学学报，1(4)：335－340.

董祚继.2009.18亿亩耕地红线不容动摇.党政干部文摘，8：32－33.

杜娟.2003.云南经济开发与环境管理指南.昆明市：云南大学出版社：84－90.

冯艳芬，王芳，杨木壮.2009.生态补偿标准研究.地理与地理信息科学，25(4)：84－88.

弗·冯·维塞尔.1987.自然价值.北京：商务印书馆：110－115.

高鸿业.2007.西方经济学(微观部分).北京：中国人民大学出版社：378－396.

高旺盛.2009.农业宏观分析方法与应用.北京：中国农业大学出版社：07.

顾岗，陆根法，蔡邦成.2006.南水北调东线水源地保护区建设的区际生态补偿研究.生态经济，2：43－45.

哈尔·R·范里安.2006.微观经济学：现代观点.费方域，等译.上海：上海人民出版社：491－495.

洪尚群，马丕京，郭慧光.2001.生态补偿制度的探索.环境科学与技术，5：40－43.

侯小凤，陈伟琪，等.2004.沿海农业区施用农药的环境费用分析及管理对策.厦门大学学报(自然科学版)，8(43)：236－241.

侯元兆.2004.菲律宾林地利用与配置决策：总经济价值评价和效益转移法的应用(森林资源核算下).北京市：中国科学技术出版社：07：118.

胡耀岭，杨广.2009.我国保护耕地资源的政府间博弈分析.未来与发展，2：9－13.

黄富祥，康慕谊，张新时.2002.退耕还林还草过程中的经济补偿问题探讨.生态学报，22(4)：471－478.

黄烈佳，张安录.2006.农地价值与农地城市流转决策若干问题探讨.地理与地理信息科学，22(2)：88－91.

姜广辉，孔祥斌，张凤荣.2008.耕地保护经济补偿机制分析(主体功能区规划与耕地保护)北京：中国土地学会学术年会论文集：316-322.

姜广辉，孔祥斌.2009.耕地保护经济补偿机制分析.中国土地科学，23(7)：24-27.

杰弗瑞.A.杰里，菲利普.J.瑞尼.2001.高级微观经济理论.王根蓓译.上海：上海财经大学出版社：11，251-300.

金建君，王志石.2005.澳门固体废物管理的经济价值评估.中国环境科学，25(6)：751-755.

金建君，王志石.2006.选择试验模型法在澳门固体废弃物管理中的应用.环境科学，27(4)：820-825.

柯水发.2007.农户参与退耕还林行为理论与实证研究.北京：中国农业出版社：184-190.

赖力，黄贤金，刘伟良.2008.生态补偿理论、方法研究进展.生态学报，28(6)：870-2876.

李长健，伍文辉.2006.土地资源可持续利用中的利益均衡：土地发展权配置.上海交通大学学报(哲学社会科学版)，14(2)：60-64.

李翠珍，孔祥斌，孙宪海.2008.北京市耕地资源价值体系及价值估算方法.地理学报，63(3)：321-329.

李怀恩，尚小英，王媛.2009.流域生态补偿标准计算方法研究进展.西北大学学报(自然科学版)，39(4)：667-673.

李明阳，郑阿宝.2003.我国公益林生态效益补偿政策与法规问题探讨.南京林业大学学报(人文社会科学版)，3(2)：57-61.

李文华，李芬，李世东，等.2006.森林生态效益补偿的研究现状与展望.自然资源学报，21(5)：677-687.

李晓光，苗鸿，等.2009.生态补偿标准确定的主要方法及其应用.生态学报，29(8)：4431-4438.

李效顺，曲福田，等.2009.中国耕地资源变化与保护研究-基于土地督察视角的考察.自然资源学报，24(3)：337-401.

李新文，王健.2005.微观经济学.北京：中国农业出版社：08，237-241.

李秀霞，刘金国.2007.农用地转用生态补偿价格评估实证研究.吉林大学学报，37(5)：998-1001.

李仲广.2006.旅游经济学模型与方法.北京：中国旅游出版社：06.

林勃.2009.耕地保护政策博弈分析.现代商贸工业，20：50-52.

刘克田.2001.经济论谈.北京：经济科学出版社：380-384.

刘青.2007.江河源区生态系统服务价值与生态补偿机制研究.南京：南京大学博士论文.

刘然，朱丽霞.2005.中央与地方利益均衡分析.云南行政学院学报，3：25-28.

刘文卿.2005.实验设计.北京：清华大学出版社：64-73.

刘亚萍.2008.生态旅游区游憩资源经济价值评价研究.9.北京：中国林业出版社：43-61.

刘治国，李国平.2006.陕北地区非再生能源资源开发的环境破坏损失价值评估.统计研究，3：61-66.

卢升高，吕军.2004.环境生态学.杭州市：浙江大学出版社：193-195.

陆贵巧，谷建才，郑辉，等.2006.大连城市森林综合生态效益动态预测研究.河北农业大学学报，29(3)：53-57.

陆红生.2002.土地管理学总论.北京：中国农业出版社：156-160.

陆小华.2009.信息财产权——民法视角中的新财富保护模式.北京市：法律出版社：04.

马爱慧，蔡银莺，张安录，等.2010.两型社会建设跨区域土地生态补偿.中国土地科学，7：66-70.

马爱慧，蔡银莺，张安录.2010.基于土地优化配置模型的耕地生态补偿及核算框架构建.中国人口资源环境，10：97-101.

毛锋，曾香.2006.生态补偿的机理与准则.生态学报，26(11)：3841-3846.

毛显强，钟瑜，张胜.2002.生态补偿的理论探讨.中国人口·资源与环境，12(4)：38-41.

毛显强，钟瑜.2008.生态补偿的经济博弈分析.生态补偿机制与政策设计国际研讨会论文集：147-155.

美国估价学会著.2001.不动产估价.北京：地质出版社：3.

孟召宜，朱传耿，渠爱雪，等.2008.我国主体功能区生态补偿思路研究.中国人口·资源与环境，18(2)：139-144.

苗翠翠.2009.基于效益转移方法的旅游资源价值评价研究.大连：大连理工大学硕士论文.

闵庆文，甄霖，杨光梅.2007.自然保护区生态补偿研究与实践进展.生态与农村环境学报，23(1)：81-84.

牛海鹏，张安录.2009.耕地保护的外部性及其测算—以河南省焦作市为例.资源科学，31(8)：1400-1408.

欧阳志云，王如松，赵景柱.1999.生态系统服务功能及其生态经济价值评价.应用生态学报，10(5)：635-640.

潘少兵.2008.生态补偿机制建立的经济学原理及补偿模式.安庆师范学院学报，27(10)：6-9.

彭丽娟.2005.生态效益涵义初探.湖南林业科技，32(4)：76-79.

钱忠好.2003.中国农地保护：理论与政策分析.管理世界，10：60-70.

钱忠好.2003.中国农地保护政策的理性反思.中国土地科学,17(5):14-18.

秦艳红,康慕谊.2007.国内外生态补偿现状及其完善措施.自然资源学报,22(4):557-568.

曲福田,冯淑怡,俞红.2001.土地价格及分配关系与农地非农化经济机制研究—以经济发达地区为例.中国农村经济,12:54-60.

任勇,冯东方,俞海.2008.中国生态补偿理论与政策框架设计.北京:中国环境科学出版社,7:1-7.

沈满洪.2007.资源与环境经济学.北京:中国环境科学出版社:49-61.

师学义,王万茂.2005.土地利用规划的利益均衡理念.中国国土资源报(理论周刊).

宋红丽,薛惠锋,董会忠.2008,流域生态补偿支付方式研究.环境科学与技术,32(2):144-148.

宋蕾,李峰.2006.矿产资源生态补偿现状及对策研究.兰州商学院学报,22(4):24-27.

宋敏,张安录.2009.湖北省农地资源正外部性价值量估算.长江流域资源与环境,18(4):314-320.

苏明达,吴珮瑛.2004.愿意支付价值最佳效率指标之建构与验证.台湾农业经济丛刊,9(2):27-60.

孙发平,曾贤刚.2009.中国三江源区生态价值及补偿机制研究.北京:中国环境科学出版社:04.

孙新章,谢高地,等.2006.中国生态补偿的实践及其政策取向.资源科学,28(4):25-30.

谭术魁,涂姗.2009.征地冲突中利益相关者的博弈分析—以地方政府与失地农民为例.中国土地科学,23(11):27-37.

唐健,卢艳霞.2006.我国耕地保护制度研究理论与实证.北京:中国大地出版社:12-14.

田春,李世平.2009.论耕地资源的生态效益补偿.农业现代化研究,30(1):106-109.

完颜素娟,王翊.2007.外部性理论与生态补偿.中国水土保持,12:17-21.

王登举.2005.日本的森林生态效益补偿制度及最新实践.世界林业研究.18(5):65-71.

王广成,闫旭骞.2002.矿产资源管理理论与方法.北京:经济科学出版社:1.

王国华.2008.森林资源生态补偿资金来源及补偿方式.林业勘查设计,1:37.

王姣,肖海峰.2006.中国粮食直接补贴政策效果评价.中国农村经济,12:4-12.

王金龙,马为民.2002.关于流域生态补偿问题的研讨.水土保持学报,16(6):82-84.

王女杰,刘建,吴大千,等.2010.基于生态系统服务价值的区域生态补偿——以山东省为例.生态学报,30(23):6646-6653.

王钦敏.2004.建立补偿机制,保护生态环境.求是,13:55-56.

王仕菊,黄贤金.2008.基于耕地价值的征地补偿标准.中国土地科学,22(11):44-50.

王亚楠,王建英.2009.我国农业补贴政策研究综述.现代农业,8:67-69.

吴岚.2007.水土保持生态服务功能及其价值研究.北京:北京林业大学博士论文:4-15.

奚洁人.2007.科学发展观百科辞典.上海市:上海辞书出版社:91-95.

萧景楷.1999.农地环境保育效益之评价.水土保持研究,6(3):60-71.

谢高地,鲁春霞,冷允法,等.2003.青藏高原生态资产的价值评估.自然资源学报,18(2):189-195.

谢高地,肖玉,甄霖,等.2005.我国粮食生产的生态服务价值研究.中国生态农业学报,13(3):10-13.

谢静琪,简士豪.2003.环境敏感地区之保育价值.台湾土地金融季刊,40(1):1-21.

谢贤政,马中.2006.应用旅行费用法评估黄山风景区游憩价值.资源科学,28(3):l28-136.

徐大伟,郑海霞,刘民权.2008.基于跨区域水质水量指标的流域生态补偿量测算方法研究.中国人资源环境,18(4):189-194.

徐琦.2008.生态补偿尚需平衡多重利益.环境科技,3:24-25.

徐哲,房婷婷,松青,等.2005.组合分析法在新产品概念开发与测试中的应用.数量统计与管理,24(6):25-32.

徐中民,任福康,马松尧,等.2003.估计环境价值的陈述偏好技术比较分析.冰川冻土,25(6):701-708.

徐中民,张志强,龙爱华,等.2003.环境选择实验模型在生态系统管理中的应用.地理学报,58(3):398-405.

许丽忠,吴春山,王菲凤,等.2007.条件价值法评估旅游资源非使用价值的可靠性检验.生态学报,27(10):4301-4309.

许奕平.2007.论我国的耕地产权制度与耕地保护.南京:河海大学硕士论文.

杨光梅,闵庆文,李文华.2007.我国生态补偿研究中的科学问题.生态学报,7(10):4289-4300.

杨筱.2005.生态公共产品价格构成及其实现机制.经济体制改革,3:124-127.

杨开忠，白墨，李莹，等.2002.关于意愿调查价值评估法在我国环境领域应用的可行性探讨.地球科学进展，17(3)：420-425.

杨利雅，张立岩.2010.森林生态补偿制度存在的问题及对策.东北大学学报(社科版)，12(4)：329-335.

杨晓东.2008.马克思与欧洲近代政治哲学.北京市：社会科学文献出版社：220-230.

杨永芳，刘玉振，艾少伟.2008.土地征收中生态补偿缺失对农民权利的影响.地理科学进展，27(1)：111-116.

杨志新，田志会，郑大玮.2004.农药外部成本问题研究综述.生态经济，1：234-237.

杨志新，郑大玮，等.2005.北京郊区农田生态系统服务功能价值的评估研究.自然资源学报，20(4)：564-571.

姚艺伟.2008.区域协调可持续发展与环境公平.经贸北方，4：21-22.

尹红.2005.美国与欧盟的农业环保计划.中国环保产业，(3)：42-45.

雍新琴，张安录.2010.耕地保护经济补偿主体与对象分析.安徽农业科学，38(21)：11580-11581.

于连生.2004.自然资源价值论及其应用.北京：化学工业出版社：66-109.

于伟.2001.土地退化的经济学分析及对策研究.浙江大学博士论文.

于振伟，陈玮.2003.森林生态效益补偿机制研究.中国林业企业，3：19-20.

俞奉庆，蔡运龙.2003.耕地资源价值探讨.中国土地科学，17(3)：3-9.

俞奉庆，蔡运龙.2004.耕地资源价值重建与农业补贴——一种解决"三农"问题的政策取向.中国土地科学，18(1)：18-23.

俞海，任勇.2008.中国生态补偿：概念、问题类型与政策路径选择.中国软科学，6：7-15.

俞文华.1997.发达与欠发达地区耕地保护行为的利益机制分析.中国人口.资源与环境，7(4)：22-27.

喻燕.2007.农地正外部性及其内在化途径.国土资源科技管理，6：59-63.

臧俊梅，王万茂，陈茵茵.2008.农地发展权价值的经济学分析.经济体制改革，4：90-95.

臧俊梅，张文方，李景刚.2008.耕地总量动态平衡下的耕地保护区域补偿机制研究.农业现代化研究，29(3)：318-322.

臧俊梅.2007.农地发展权的创设及其在农地保护中的运用研究.南京：南京农业大学博士论文.

曾珩，陈美球，贺丽华，等.2009.不同群体的城镇居民耕地保护意识的实证研究.江西农业大学学报(社会科学版)，8(4)：22-26.

翟国梁，张世秋，等.2006.选择实验的理论和应用—以中国退耕还林为例.北京大学学报(自然科学版)，1(3)：1-5.

张安录.1999.城乡生态经济交错区农地城市流转机制与制度创新.中国农村经济，7：43-49.

张飞，崔延松，孔伟.2009.耕地资源开发中的价值补偿问题研究.农业经济，01：32-35.

张凤荣.2009.城乡统筹下的耕地分区保护与补偿政策.四川改革，7：45-48.

张建肖，安树伟.2008.国内外生态补偿研究综述.西安石油大学学报，18(1)：23-27.

张巨勇，杨玉文.2007.基于实验经济学的环境资源价值评估.大连民族学院，2：21-24.

张君宇，杜新波，胡杰.2007.建立和完善耕地保护社会监督机制的思路探讨.中国国土资源经济，2：28-29.

张可盈，吴淑丽，陈钧华.2003.台湾地区水田外部效益评估之研究假想市场价格评估法之应用分析.台湾土地金融季刊，40(1)：43-63.

张蕾，Jeff Bennett，等.2008.中国退耕还林政策成本效益分析.北京：经济科学出版社：7.

张士功.2005.耕地资源和粮食安全.北京：中国农业科学院博士论文：12.

张涛.2003.森林生态效益补偿机制研究.北京：中国林业科学研究院博士论文：56-57.

张效军，欧名豪，高艳梅.2007.耕地保护区域补偿机制研究.中国软科学，12：47-55.

张效军.2006.耕地保护区域补偿机制研究.南京：南京农业大学博士论文：1-12.

张翼飞，陈红敏，李瑾.2007.应用意愿价值评估法，科学制订生态补偿标准.生态学报，9：27-31.

张翼飞.2008.居民对生态环境改善的支付意愿与受偿意愿差异分析.西北人口，4(29)：63-67.

张云.2007.非再生资源开发中价值补偿的研究.北京：中国发展出版社：30-31.

章锦河，张捷，梁玥琳，等.2005.九寨沟旅游生态足迹与生态补偿分析.自然资源学报，20(5)：735-744.

章铮.1995.生态环境补偿费的若干基本问题：中国生态环境补偿费的理论与实践.北京：中国环境科学出版社：81-87.

章铮.2008.环境与自然资源经济学.北京：高等教育出版社：1；36-45.

赵军，杨凯. 2007. 生态系统服务价值评估研究进展. 生态学报，27(1)：347－356.

赵敏华，李国平，刘志国. 2006. 效益转移在陕北煤炭开发环境损失评估的应用. 生态经济，10：57－60.

赵敏华，李国平. 2006. 效益转移法评估石油开发中跨区域环境价值损失的实证研究. 系统工程，10：77－81.

赵敏华，李国平. 2006. 效益转移在石油开发环境损失评估中的应用. 生产技术经济，11：96－99.

赵荣钦，黄爱民，等. 2003. 农田生态系统服务功能及其评价方法研究. 农业系统科学与综合研究，19(4)：267－270.

郑海霞，张陆彪. 2006. 流域生态服务补偿定量标准研究. 环境保护，1：42－45.

郑培，朱道林，张小武. 2005. 政府耕地保护行为的公共选择理论分析. 中国国土资源经济，9：10－12.

郑新奇. 2004. 城市土地优化配置与集约利用评价理论、方法、技术、实证. 北京：科学出版社：28－33.

郑雪梅，韩旭. 2006. 建立横向生态补偿机制的财政思考. 地方财政研究，1：25－29.

中国 21 世纪议程管理中心编著. 2009. 生态补偿原理与应用. 北京市：社会科学文献出版社：04：16－18.

中国生态补偿机制与政策研究课题组. 2007. 中国生态补偿机制与政策研究. 北京：科学出版社：107－109.

钟全林，曹建华，王红英. 2001. 生态公益林价值核算研究. 自然资源学报，16(6)：537－542.

周小萍，谷晓坤，丁娜，等. 2009. 中国发达地区耕地保护观念的转变和机制探讨. 中国土地科学，23(1)：43－47.

周振民，岳小松. 2009. 农民对水价改革承受能力双边界二分式 CVM 模型研究. 中国农村水利水电，8：122－126.

朱新华，曲福田. 2007. 基于粮食安全的耕地保护外部性补偿途径与机制设计. 南京农业大学学报(社会科学版)，7(4)：1－7.

诸培新，曲福田，等. 2009. 农村宅基地使用权流转的公平与效率分析. 中国土地科学，23(5)：26－29.

诸培新，曲福田. 2003. 从资源环境经济学角度考察土地征用补偿价格构成. 中国土地科学，17(3)：10－14.

庄国泰，等. 1995. 生态环境补偿费的理论与实践：中国生态环境补偿费的理论与实践. 北京：中国环境科学出版社：88－98.

Adamowicz W，Louviere J，Williams M. 1994. Combining Revealed and Stated Preference Methods for Valuing Environmental Amenities. Journal of Environmental Economics and Management，26(3)：271－292.

Alberini A，Krupnick A. 2000. Cost－of－Illness and Willingness－to－Pay Estimates of the Benefits of Improved Air Quality：Evidence from Tai wan. Land Economics，76(1)：37－53.

Allen O A，Feddema J J. 1996. Wetland loss and substitution by the Section 404 permit program in southern California. Environmental Management，20(2)：263－274.

Anderson P. 1995. Ecological restoration and creation：a review. Biological Journal of the Linnean Society，56：187－211.

Baylis K，Peplow S，Rausser G，et al. 2008. Agri－environmental policies in the EU and United States：a comparison. Ecological Economics，65：753－764.

Bergstrom J C，DeCivita. 1999. Status of benefits transfer in the United States and Canada：a review. Canadian Journal of Agricultural Economics，47(1)：79－87.

Bohm P. 1972. Option Demand and Consumer's Surplus：Comment. American Economic Review，65(3)：233－236.

Brent L M，Stephen P，Richard M A. 2000. Valuing urban wetlands：a property price approach. Land Economics，76(1)：100－113.

Buchanan J M，Stubblebine W C. 1962. Externality. Economica，29：371－384.

Carl J. Dahlman The problem of externality. Journal of Law and Economics，1979，22(1)：141－162

Carlsson F，Frykblomb P，Liljenstolpe C. 2003. Valuing wetland attributes：an application of choice experiments. Ecological Economics，47：95－103.

Carson R T，Louviere J J，et al. 1994. Experimental analysis of choice. Marketing Letters，5(4)：351－368.

Chen Z M，Chen G Q. 2009. Net ecosystem services value of wetland：Environmental economic account. Commun Nonlinear Sci Numer Simulat，14：2837－2843.

Claassen R，Cattaneo A，et al. 2008. Cost－effective design of agri－environmental payment programs：US experience in theory and practice. Ecological Economics，65：737－752.

CoaseR H. 1960. The problem of social cost. The Journal of Law and Economic，8(3)：1－44.

Constanza R d'Arge R，Rudolf de Groot，et al. 1997. The value of the world's ecosystem services and natural capital.

Nature，387：253—260.

Costanza R，et al. 1997. The value of the world's ecosystem services and natural capital. Nature，387(15)：253—260.

Cuperus R，Canters K J，et al. 1999. Guidelines for ecological compensation associated with highways. Biological Conservation，90：41—51.

Dale V H，Polasky S. 2007. Measures of the effects of agricultural practices on ecosystem services. Ecological Economics，64：286—296.

Dobbs T L，Pretty J. 2008. Case study of agri—environmental payments：the United Kingdom. Ecological Economics，65：765—775.

Drake L. 1992. The non—market value of Swedish agricultural landscape. European Review of Agricultural Economics，19(3)：351—364.

Duke J M，Thomas W A. 2004. conjoint analysis of public preferences for agricultural land preservation. Agricultural and Resource Economics Review，33(2)：209—219.

Engel S，Pagiola S，et al. 2008. Designing payments for environmental services in theory and practice：an overview of the issues. Ecological Economics，65：663—674.

Enrique Ibarra Gené. 2007. The profitability of forest protection versus logging and the role of payments for environmental services(PES)in the Reserva Forestal GolfoDulce，Costa Rica. Forest Policy and Economics，10：7—13.

Falconer K，Dupraz P，Whitby M. 2001. An investigation of policy administration costs using panel data for the English Environmental Sensitive Areas. Journal of Agricultural Economics，52(1)：83—103.

Ferraro P，Kiss A. 2002. Direct payments to conserve biodiversity. Science，29(8)：1718 - —1719.

Gardner B D. 1977. The economics of agricultural land preservation. American Journal of Agricultural Economics，59(6)：1027—1036.

Greeley D A，Walsh R G，Young R A. 1981. Option value：empirical evidence from a case study of recreation and water quality. The Quaterly Journal of Economics，96(4)：657—673.

Gregory R S. 2000. Valuing environmental policy options：a case study comparison of multiattribute and contingent valuation survey methods. Land Economics，76(2)：151—173.

Hackl F，Halla M，Pruckner G J. 2007. Local compensation payments for agri—environmental externalities：a panel data analysis of bargaining outcomes. European Review of Agricultural Economics，8：1—26.

Hackl F，Pruckner G J. 1997. Towards more efficient compensation programs for tourists benefits from agriculture in Europe. Environment and Resource Economics，10(2)：189—205.

Hanley N，Whitby M，Simpson I. 1999. Assessing the success of agri—environmental policy in the UK. Land Use Policy，16：67—80.

Hanley N，Wright R E，Adamowicz V. 1998. Using choice experiments to value the environment. Environmental and Resource Economics，11(34)：413—428.

Hanley N，Wright R E，Alvarez—Farizo B. 2006. Estimating the economic value of improvements in river ecology using choice experiments：an application to the water framework directive. Journal of Environmental Management，78：183—193.

Hediger W，Lehmann B. 2003. Multifunctional agriculture and the preservation of environmental benefits. Proceedings of the 25th International Conference of Agricultural Economists，8：16—22.

Heimlich，Ralph E，Claassen，Roger. 1998. Agricultural conservation policy at a cross roads. Agricultural and Resource Economics，27(1)：95—107.

Heina L，Koppenb K V，Groota R S，et al. 2006. Spatial scales，stakeholders and the valuation of ecosystem services. Ecological Economics，57：209—228.

Herzog S F，Dreier G，Hofer G，Marfurt C，et al. 2005. Effect of ecological compensation areas on floristic and breeding bird diversity in Swiss agricultural landscapes. Agriculture Ecosystems and Environment，108：189—104.

Joshua M，Duke，Thomas W I. 2004. A Conjoint Analysis of Public Preferences for Agricultural Land Preservation. Agricultural and Resource Economics Review，33(2)：209—219.

Ju Y，Bomb P. 2008. Externalities and compensation: Primeval games and solutions. Journal of Mathematical Economics，44: 367—382.

Kosoya N，Martinez—Tunaa M. 2007. Payments for environmental services in watersheds: Insightsfrom a comparative study of three cases in central America. Ecological Economics，61: 446—455.

Kroege T，Casey F. 2007. An assessment of market—based approaches to providing ecosystem services on agricultural lands. Ecological Economics，64: 321—332.

Ku S J，Yoo S H. 2010. Willingness to pay for renewable energy investment in Korea: a choice experiment study. Renewable and Sustainable Energy Reviews，14: 2196—2201.

Lancaster K. 1966. A new approach to consumer theory. Journal of Political Eonomy，77: 132—157.

Lewis D J，Bradford L，et al. 2008. Spatial externalities in agriculture: empirical analysis. Statistical Identification and Policy Implications World Development，36(10): 1813—1829.

Locatelli B，Rojas V，Salinas Z. 2008. Impacts of payments for environmental services on local development in northern Costa Rica: A fuzzy multi—criteria analysis. Forest Policy and Economics，10: 275—285.

Louviere J J，Fox M，Moore W. 1993. Cross—task validity comparisons of stated preference choice models. Marketing Letters，4: 205—213.

Lubell M，Schneider M，Scholz J，Mete M. 2002. Watershed partnership and the emergence of collective action institutions. American Journal of Political Science，46(1): 148—163.

Lynch L，Wesley N M. 2001. A relative efficient analysis of farmland preservation programs. Land Economics，7: 577—594.

Main M B，Roka F M，Noss R F. 1999. Evaluating costs of conservation. Conservation Biology，13(6): 1262—1272.

Nakatani J，Aramaki T，Hanaki K. 2007. Applying choice experiments to valuing the different types ofenvironmental issues in Japan. Journal of Environmental Management，84: 362—376.

Pagiola S，et al. 2005. Can payments for environmental services help reduce poverty? An Exploration of the Issues and the Evidence to Date from Latin America. World Development，33(2): 237—253.

Pagiola S. 2008. Payment for environmental services in Costa Rica. Ecological Economics，65: 712—724.

Parker D C，Munroe D K. 2007. The geography of market failure: Edge—effect externalities and the location and production patterns of organic farming. Ecological Economics，6 0: 821—833.

Parker D C. 2000. Edge—effect externalities: theoretical and empirical implication of spatical heterogeneity. Office of Graduate Studies of the University of California: 12—49.

Parker D C. 2007. Revealing "space" in spatial externalities: edge—effect externalities and spatial incentives. Journal of Environmental Economics and Management，54: 84—99.

Paul E，Green. 1974. On the design of choice involving multifactor alternatives. Journal of consumer research，1: 61—70.

Piper S，Martin W E. 2001. Evaluating the accuracy of the benefit transfer method: a rural water supply application in the USA. Journal of Environmental Management，63: 223—235.

Rambonilaza M，Dachary—Bernard J. 2007. Land—use planning and public preferences: What can we learn from choice experiment method. Landscape and Urban Planning，83: 318—326.

Rollins K. 1996. Moral hazard externalities and compensation for crop damages from wildlife. Journal of Environmental Economics and Management，31: 368—386.

Rose J M，Scarpa R，Michiel C J，Bliemer. 2009. Incorporating model uncertainty into the generation of efficient stated choice experiments: A model averaging approach. The Australian Key Centre in Transport and Logistics Management: 4.

Rosenberger R S，Loomi J B. 2000. Benefit transfer of outdoor recreation use values. A Technical Document Supporting the Forest Service Strategic Plan: Rocky Mountain Research Station: 4—15.

Sonin K. 2003. Why the rich may favor poor protection of property rights. The Journal of Comparative Economics，31(4): 715—773.

Travisi C M，Nijkamp P. 2008. Valuing environmental and health risk in agriculture：A choice experiment approach to pesticides in Italy. Ecological Economics，67：598—607.

Wunder S. 2005. Payment for enviromental services：some nuts and bolts. CIFOR Occasional Paper 42：3

Wünscher T，Engel S，Wunder S. 2008. Spatial targeting of payments for environmental services：a tool for boosting conservation benefits. Ecological Economics，65：822—833.

Zhang W，Ricketts T H，et al. 2007. Ecosystem services and dis—services to agriculture. Ecological Economics，64：253—260.

附　　录

附录 1

耕地生态补偿研究调查问卷
（市民类）

尊敬的市民朋友：

您好！

这次在武汉市(郊)进行"耕地生态补偿"调查，其主要目的是了解不同地区居民家庭对耕地生态服务认知状况和耕地生态服务价值支付意愿和受偿意愿，并据以进行科学的分析研究，为政府制定合理的耕地保护政策和耕地生态补偿机制提供依据。填写此问卷是不记名的，希望您在填写时不要有任何顾虑。

谢谢您真诚的合作。

2010-9-18

调查单位：××学院　　　　　　　　问卷编号：＿＿＿＿＿＿

调　查　者：＿＿＿＿＿＿　　　　　调查时间：＿＿＿＿＿＿

调查地点：武汉市＿＿＿＿＿区

耕地资源除了生产蔬菜、粮食、水果、木材、水产品等农产品外，还具有净化空气、美化环境、调节气候、防止水土流失、提供观光旅游、维护生物多样性等许多的生态服务功能，以及保证国家的粮食安全和提供农民基本生活保障等社会作用。但如今，随着耕地面积的逐渐减少，这些功能和价值也将受到影响和消减，相应地影响到人们的生活环境和生活质量。耕地生态补偿为了保护耕地，维持和提高我们目前的生活质量，同时也为子孙后代保留一份生存空间，专款用于保护耕地(如修建农田水利设施、给予种地农民补偿)，鼓励农民种地的积极性与主动性，减少农地资源的城市流转。

一、市民对耕地生态服务认知调查

1. 您认为耕地除了具有提供粮食、蔬菜、水果等农产品的生产功能外，还具有净化空气、涵养水源、调节气候、防止水土流失、提供开敞空间及休闲娱乐等诸多好处吗？

A. 有　　　　　　　　B. 没有　　　　　　　　C. 不清楚

2. 您认为耕地带来生态效益或功能重要性如何？

功能	非常重要	重要	一般	不重要	不清楚
气体调节					
气候调节					
水源涵养					
土壤保护					
废物处理					
维护生物多样性					
食物生产					
提供原材料					
娱乐文化功能					

3. 您认为目前本地耕地资源生态效益是否在减少或降低？

A. 是；那么，您认为最主要原因是什么？（仅选一项）

　　　　a. 城市不断扩张、城市建设用地占用耕地，导致耕地面积不断减少

　　　　b. 灾毁、水毁导致农地面积减少

　　　　c. 农民种田收入微薄，农地撂荒严重，植被覆盖率降低

　　　　d. 化肥农药使用不当造成环境污染问题

B. 否

4. 是否听说"生态危机"、"生态补偿"等概念？

A. 非常了解，能清楚是怎么回事；　　　　B. 听说过此类概念，了解一些

C. 听说过，但是不太明白怎么回事；　　　　D. 没有听说过

5. 您赞成通过采取耕地补偿措施来防止耕地面积较少或者生态效益降低吗？

A. 赞成　　　　　　　　B. 不赞成　　　　　　　　C. 不清楚

6. 您所处区域生态环境质量如何？

A. 非常好　较好　　　　C. 一般　　　　D. 差　　　　E. 较差

需要进一步改善吗？

（　　）A. 是　　　　　　B. 否

7. 您了解目前的耕地保护政策吗？

A. 常了解　　　　　　　B. 了解一些　　　　　　　C. 不清楚

二、市民对耕地生态服务最高支付意愿调查（WTP）

　　耕地所提供优美的田园风光和清新的空气等的生态效益，提高人们的福祉。假设现在以建立耕地生态补偿基金会（非政府行为）的方式，专款用于保护耕地资源，激励耕地的保护者继续保护耕地资源，维护、改善或恢复区域生态系统的服务功能，降低耕地资源流转可能性。期望大家共同参与耕地资源的保护工作，为建设美好家园贡献力量。

　　1. 为维持您区域耕地生态服务外部效益不减少（耕地不被征用）必需保有一定数量和质量的耕地为前提，您的家庭愿意为此出钱或参加义务劳动吗？

A. 愿意　　　　　　　　　　B. 不愿意

(1)如果选"不愿意"的，请问您的原因是什么(单选)？然后请直接回答第三部分问题。

　　a. 耕地没有带来任何生态环境方面的福利

　　b. 虽然对自己有益，经济收入太低，支付能力有限

　　c. 是政府的事情，与我无关

　　d. 有权无偿享受农地带来的社会、生态方面的福利，因此不应该支付

　　e. 现状很好，不需要花钱治理

(2)如果选"愿意"的，请您继续回答，并确定愿意以下面哪种形式参加农地保护？

　　a. 出钱　　　　　　　　　　b. 参加义务劳动

(如果选择"出钱"的，请直接回答下面第 2 个问题；选择"参加义务劳动"的，请直接回答下面第 3 个问题。)

2. 选择"出钱"方式的请回答(＊答完此题请接着回答第三大题)：

为继续享用您区域耕地带来的生态外部效益，使其不受到任何破坏并维持在令您满意的水平之上，在您目前的经济收支状况下，保护水田、旱地、菜地，您一年最多愿意出多少元钱来保护它们？(从以下 A~R 选项中选择，如果选择 800 元以上的，请直接填写数值)。

地类	水田	旱地	菜地
愿意支付补偿额			

选项	A	B	C	D	E	F	G	H	I
	50~60	61~70	71~80	81~100	101~120	121~150	151~180	181~210	211~250
	J	K	L	M	N	O	P	Q	R
	251~300	301~350	351~400	401~450	451~500	501~600	601~700	701~800	>800

3. 选择"出义务劳动"的请回答(＊答完此题请接着回答第三大题)：

为继续享用耕地带来的生态外部效益，使其不受到任何破坏并维持在令您满意的水平之上，在您目前的劳力状况下，您一年最多愿意义务劳动多少天来保护它们？(从以下 A~O 选项中选择，注：若您选择">14 天"，请直接填写愿意劳动的天数)

地类	水田	旱地	菜地
愿意支付补偿额			

选项	A	B	C	D	E	F	G	H
	1	2	3	4	5	6	7	8
	I	J	K	L	M	N	O	天/年
	9	10	11	12	13	14	>14	
您认为您一天劳动的工钱约值(　　)							元

三、耕地资源利用过程负生态效益认知

1.您认为耕地资源利用中会对社会经济发展和生态环境主要带来下列哪些不利影响？请在相应选项前的□里打"√"

影响来源	表现形式
□滥施化肥	A 造成饮用水源污染　B 降低下游渔业产量 C 农产品品质下降　D 污染环境，造成土壤板结
□滥施农药	A 杀死田间益虫、益鸟，生物多样性降低　B 农产品品质下降 C 增加水体净化成本　D 人体健康损害　E 气味污染
□地膜残留	A 残留地膜造成土壤板结　B 水循环受阻
□水土流失	A 降低土壤肥力　B 增加河、渠等清淤费用　C 降低通航能力
□其他	请填写具体内容：

2.耕地利用过程中化肥农药的使用对您的家庭生活带来负面影响严重吗？
a.很严重　　　 b.有些严重　　　 c.不太严重　　　 d.没有影响　　　 e.不清楚
3.您认为有必要减少化肥农药的施用量吗？
A.有　　　　　　　　　　　　　　B.没有

四、耕地资源负效益的最低受偿意愿（WTA）

化肥农药的大量施用，在大幅度提高农产品产量的同时，不可避免地对农产品造成污染，目前人类疾病的大幅度增加，尤以各类癌症的大幅度上升，无不与化肥农药的污染密切相关。而且目前化肥农药的利用率很低，大部分进入空气，渗入土壤中和水体中，造成严重的环境污染。以上各种污染对您的生产和生活产生一定影响，假设国家建立生态补偿基金计划，对环境受害者给予一定的补偿，以惩罚环境污染者对此污染行为，最终减少污染的发生。

1.在目前经济收支状况下，您认为您每年应得到多少补偿？（＊如果选择800元以上的，请直接填写数字）

地类	水田	旱地	菜地
愿意支付补偿额			

	A	B	C	D	E	F	G	H	I
选	50~60	61~70	71~80	81~100	101~120	121~150	151~180	181~210	211~250
项	J	K	L	M	N	O	P	Q	R
	251~300	301~350	351~400	401~450	451~500	501~600	601~700	701~800	>800

五、耕地资源负效益的最高支付意愿（WTP）

化肥农药的大量施用，在大幅度提高农产品产量的同时，不可避免地对农产品造成污染，目前人类疾病的大幅度增加，尤以各类癌症的大幅度上升，无不与化肥农药的污染密切相关。而且目前化肥农药的利用率很低，大部分进入空气，渗入土壤中和水体中，造成严重的环境污染。假设政府为保护生态环境，减少耕地利用过程中资源环境问题，提出减少传统农药化肥的施用量，为保持产量不变，必须采取新型农业生产技术，利用绿肥、家畜粪尿生物防治等方法，保持土壤的肥力和易耕性。新型农业生产模式建立需要大量资金的支持，生态补偿基金计划就是在大家共同参与下保护耕地资源，减少环境污染。

1. 在您的家庭目前经济收支状况下，愿意为生态补偿基金计划出钱或参加义务劳吗？

A. 愿意　　　　　　　　　B. 不愿意

(1)如果选"不愿意"的，请问您的原因是什么（单选）？然后请直接回答第 4 个问题。

a. 现状很好，不需要花钱治理

b. 虽然对自己有益，经济收入太低，支付能力有限

c. 是政府的事情，与我无关

d. 谁污染谁治理（应该农民支付）

(2)如果选"愿意"的，请您继续回答，并确定愿意以下面哪种形式参加耕地保护？

a. 出钱　　　　　　　　　b. 参加义务劳动

（如果选择"出钱"的，请直接回答下面第 2 个问题；选择"参加义务劳动"的，请直接回答下面第 3 个问题。）

2. 选择"出钱"方式的请回答（＊ 答完此题请接着回答第 4 个问题）：

为保护耕地资源，提高生活环境质量，较少使用农药化肥，使耕地生态效益维持在令您满意的水平之上，在您目前的经济收支状况下，保护水田、旱地、菜地，您一年最多愿意支付多少元钱减少化肥农药对健康的损害？（如果选择 800 元以上的，请直接填写数值；单位：元）

地类	水田	旱地	菜地
愿意支付补偿额			

	A	B	C	D	E	F	G	H	I
选项	50~60	61~70	71~80	81~100	101~120	121~150	151~180	181~210	211~250
	J	K	L	M	N	O	P	Q	R
	251~300	301~350	351~400	401~450	451~500	501~600	601~700	701~800	>800

3. 选择"出义务劳动"的请回答

为继续享用耕地带来的生态外部效益，并维持在令您满意的水平之上，在您目前的劳力状况下，您一年最多愿意义务劳动多少天来减少化肥农药对健康的损害？（从以下 A

~O选项中选择，注：若您选择">14天"，请直接填写愿意劳动的天数)

地类	水田	旱地	菜地
愿意支付补偿额			

	A	B	C	D	E	F	G	H
选项	1	2	3	4	5	6	7	8
	I	J	K	L	M	N	O	
	9	10	11	12	13	14	>14	天/年
	您认为您一天劳动的工钱约值(　　　)							元

六、耕地保护优选方案

　　近年来，随着经济建设的快速发展，非农用地(如道路、住宅用地、工业用地等)逐步向外扩张，耕地面积不断减少，耕地保护的形势不容乐观。武汉地区 1996~2008 年耕地面积减少了 64706.95 公顷，减少了 16%，如果按照此下降趋势，估计 2020 年耕地面积减少到 287592.6 公顷，而 2008 年武汉人口 833.24 万人，而随着城市化进程加快，人口将进一步增加，因此，保证人口不断增长和人民生活水平不断提高下的粮食安全和生态安全显得尤为重要。为确保耕地资源面积不减少、质量不降低，生态环境得到改善，政府出台一系列方案，希望借此了解广大民众的关注热点与倾向，为制度制定奠定基础。方案 A 为现状，没有实施任何保护制度到 2020 年时四个属性状态，方案 B 为制度实施后到 2020 年四个属性的状态，从下面 7 个选择集中，选择出您认为每个选择集中最优的方案?

选择集 1

方案属性	方案 A(现状)	方案 B(2020)
耕地面积	减少(征收 15%)	减少(征收 15%)
耕地肥力	下降	下降
周边景观与生态环境	恶化	改善
支付保护费用(元/人)	0	50
我选择 A(　　)	我选择 B(　　)	我都不选(　　)

　　如果都不选，原因是什么(　　　　　　　　)

选择集 2

方案属性	方案 A(现状)	方案 B(2020)
耕地面积	减少(征收 15%)	保持不变
耕地肥力	下降	改善
周边景观与生态环境	恶化	恶化

续表

方案属性	方案 A(现状)	方案 B(2020)
支付保护费用(元/人)	0	50
我选择 A(　　)	我选择 B(　　)	我都不选(　　)

如果都不选,原因是什么(　　　　　　　　　　)

选择集 3

方案属性	方案 A(现状)	方案 B
耕地面积	减少(征收 15%)	减少(征收 15%)
耕地肥力	下降	改善
周边景观与生态环境	恶化	改善
支付保护费用(元/人)	0	100
我选择 A(　　)	我选择 B(　　)	我都不选(　　)

如果都不选,原因是什么(　　　　　　　　　　)

选择集 4

方案属性	方案 A(现状)	方案 B
耕地面积	减少(征收 15%)	保持不变
耕地肥力	下降	下降
周边景观与生态环境	恶化	恶化
支付保护费用(元/人)	0	100
我选择 A(　　)	我选择 B(　　)	我都不选(　　)

如果都不选,原因是什么(　　　　　　　　　　)

选择集 5

方案属性	方案 A(现状)	方案 B
耕地面积	减少(征收 15%)	减少(征收 15%)
耕地肥力	下降	改善
周边景观与生态环境	恶化	恶化
支付保护费用(元/人)	0	200
我选择 A(　　)	我选择 B(　　)	我都不选(　　)

如果都不选,原因是什么(　　　　　　　　　　)

选择集 6

方案属性	方案 A(现状)	方案 B
耕地面积	减少(征收 15%)	保持不变
耕地肥力	下降	下降
周边景观与生态环境	恶化	改善

方案属性	方案 A（现状）	方案 B
支付保护费用（元/人）	0	200
我选择 A（　　）	我选择 B（　　）	我都不选（　　）

如果都不选，原因是什么（　　　　　　　　）

选择集 7

方案属性	方案 A（现状）	方案 B
耕地面积	减少（征收 15%）	保持不变
耕地肥力	下降	改善
周边景观与生态环境	恶化	改善
支付保护费用（元/人）	0	200
我选择 A（　　）	我选择 B（　　）	我都不选（　　）

如果都不选，原因是什么（　　　　　　　　）

1. 当您做出选择时，您考虑主要因素是什么？

A. 支付费用　　　　　　B. 生态环境　　　　　　C. 耕地面积　　　　　　D. 耕地肥力

2. 当您做出选择时，下列哪些是您做出选择的原因？

A. 虽然我关注生态环境，但经济能力有限不能承担起支付费用

B. 我认为公众不应承担耕地保护的费用，应有政府承担

C. 我选择支付费用最小的选项

D. 只要支付不是太高，我期望耕地面积提高、耕地肥力所有上升，生态环境得到改善

E. 我仅考虑生活环境的改善

F. 我仅考虑耕地面积不要减少

G. 我仅考虑耕地肥力提高

七、受访者的个人及家庭情况

1. 您的性别：A. 男性　　　　　　B. 女性

2. 您的年龄（　　）

3. 您的受教育程度：

A. 未受教育　　　　　　B. 小学　　　　　　C. 初中　　　　　　D. 高中（中专）

E. 大专　　　　　　F. 本科　　　　　　G. 硕士及以上

4 您的政治面貌：

A. 中共党员　　　　　　B. 民主党派　　　　　　C. 共青团员　　　　　　D. 无党派

5. 您的家庭共有（　　　）人，其中需抚养人口（　　　）人

6. ①请问目前您的月收入（　　）和家庭年平均总收入约为（　　　）：

A. 1000 元以下　　　B. 1000～2000 元　　　C. 2001～3000 元　　　D. 3001～4000 元

E. 4001～5000 元　　　F. 5001～6000 元　　　G. 6001～7000 元　　　H. 7001～8000 元

I. 8001～9000 元　　　J. 9001～10000 元　　　K. 10000～20000 元　　L. 20001～25000 元

M. 25001～30000 元　N. 30001～50000 元　　O. 5 万元～8 万元　　　P. 8 万元以上

7. 您所从事职业：_____

A. 公务员/公司领导　　　　　　B. 经理人员/中高层管理人员　　C. 教师/医务人员

D. 私营企业家(雇工 8 人以上)　E. 专业技术人员　　　　　　　　F. 办事人员

G. 工人/服务员　　　　　　　　H. 个体工商户　　　　　　　　　I. 离岗/下岗/失业人员

J. 退休人员　　　　　　　　　　K. 其他

8. 您对个人健康的满意程度(身体状况如何)：

A. 很满意　　　B. 一般满意　　　C. 不好不坏　　　D. 不满意　　　E. 很不满意

如果不是很满意，那是否主要是环境因素引起?

(　　)A. 是　　　　　　　　B. 否

9. 您自己认为对耕地感情如何?_____

A. 非常深厚　　　B. 有一些感情　　　C. 没有很深的感情　　　D. 没有感情

10. 是否参加过环境保护活动(　　)，是否支持环境保护活动(　　)。

附录2

耕地生态补偿研究调查问卷
（农户类）

尊敬的农民朋友：

您好！

这次在武汉市（郊）进行"耕地生态补偿"调查，其主要目的是了解不同地区居民对耕地生态服务认知状况和耕地生态服务价值支付意愿和受偿意愿，并据以进行科学的分析研究，为政府制定合理的耕地保护政策和耕地生态补偿机制提供依据。填写此问卷是不记名的，希望您在填写时不要有任何顾虑。

谢谢您真诚的合作。

2010－9－16

调查单位：××学院　　　　　　　问卷编号：＿＿＿＿＿

调 查 者：＿＿＿＿＿　　　　　　调查时间：＿＿＿＿＿

调查村名：武汉市＿＿＿＿区（乡、镇）＿＿＿＿村（居委会）＿＿＿＿组

一、农户对耕地生态服务认知调查

1. 您认为耕地除了具有提供粮食、蔬菜、水果等农产品的生产功能外，还具有净化空气、涵养水源、调节气候、保持土壤肥力、提供开敞空间及休闲娱乐等诸多好处吗？

A. 有　　　　　　　　B. 没有　　　　　　　　C. 不清楚

2. 您认为耕地生态服务功能重要性如何？

功能	非常重要	重要	一般	不重要	不清楚
气体调节					
气候调节					
水源涵养					
土壤保护					
废物处理					
维护生物多样性					
食物生产					
提供原材料					
娱乐文化功能					

3. 您认为目前本地耕地资源生态效益是否在减少或降低？

A. 是；那么，您认为最主要原因是什么？（仅选一项）

　　　a. 城市不断扩张、城市建设用地占用耕地，导致耕地面积不断减少

　　　b. 灾毁、水毁导致农地面积减少

　　　c. 农民种田收入微薄，农地撂荒严重，植被覆盖率降低

　　　d 化肥农药使用不当造成环境污染问题

B. 否

4. 是否听说"生态危机"、"生态补偿"等概念？

A. 非常了解，能清楚是怎么回事；　　　　　　B. 听说过此类概念，了解一些

C. 听说过，但是不太明白怎么回事；　　　　　D. 没有听说过

5. 您赞成通过采取耕地补偿措施来防止耕地面积减少或者耕地生态效益降低吗？

A. 赞成　　　　　　　　B. 不赞成　　　　　　　　C. 不清楚

6. 您所处区域生态环境质量如何？

A. 非常好　　　　B. 较好　　　　C. 一般　　　　D. 差　　　　E. 较差

需要进一步改善吗？（　　　）

A. 是　　　　　　　　B. 否

7. 您了解目前的耕地保护政策吗？

A. 非常了解　　　　　　B. 了解一些　　　　　　C. 不清楚

8. 如果有机会出去务工，您期望（　　　）

A. 务工　　　　　　　　B. 种地

您的下一代是否愿意在家种地（　　　）

A. 愿意　　　　　　　　B. 不愿意

9. 是否期望自家耕地被征收（　　　）

二、农户对耕地生态服务的受偿意愿调查（WTA）

目前政府为了鼓励农民保护农田的积极性，发放一定生态补偿作为回报农田对社会带来生态效益。即耕地生态补偿计划：受益者（包括政府）每年给耕地的保护者一定的补偿，每年按照每个家庭拥有农田的数量、类型和保护的程度将补偿发放到村民手里。

您觉得在现有的面积和生产水平下，保护水田、旱地、菜地不受到任何破坏，每年每亩最少应该得到多少钱的补贴？（请选择，如果选择 800 元以上的，请直接填写数值）

地类	水田	旱地	菜地
愿意支付补偿额			

选项	A	B	C	D	E	F	G	H	I
	50～60	61～70	71～80	81～100	101～120	121～150	151～180	181～210	211～250
	J	K	L	M	N	O	P	Q	R
	251～300	301～350	351～400	401～450	451～500	501～600	601～700	701～800	>800

三、农民对耕地生态服务最高支付意愿调查（WTP）

1.为维持您区域耕地生态服务外部效益不减少（耕地不被征用或者耕地肥力不降低）必需保有一定数量和质量的耕地为前提，您的家庭愿意为此出钱或参加义务劳动吗?

A. 愿意　　　　　　　B. 不愿意

(1)如果选"不愿意"的，请问您的原因是什么（单选）? 然后请直接回答第三部分问题。

a. 耕地没有带来任何生态环境方面的福利

b. 虽然对自己有益,.经济收入太低，支付能力有限

c. 是政府的事情，与我无关

d. 有权无偿享受农地带来的社会、生态方面的福利，因此不应该支付

e. 现状很好，不需要花钱治理

(2)如果选"愿意"的，请您继续回答，并确定愿意以下面哪种形式参加农地保护?

a. 出钱　　　　　　　　b. 参加义务劳动

（如果选择"出钱"的，请直接回答下面第2个问题；选择"参加义务劳动"的，请直接回答下面第3个问题。）

2.选择"出钱"方式的请回答（* 答完此题请接着回答第三大题）：

为继续享用您区域耕地带来的生态外部效益，使其不受到任何破坏并维持在令您满意的水平之上，在您家庭目前的经济收支状况下，保护水田、旱地、菜地，您的家庭一年每亩地最多愿意出多少元钱来保护它们?（如果选择800元以上的，请直接填写数值）

地类	水田	旱地	菜地
愿意支付补偿额			

选项	A	B	C	D	E	F	G	H	I
	50~60	61~70	71~80	81~100	101~120	121~150	151~180	181~210	211~250
	J	K	L	M	N	O	P	Q	R
	251~300	301~350	351~400	401~450	451~500	501~600	601~700	701~800	>800

3.选择"出义务劳动"的请回答（*答完此题请接着回答第三大题）：

为继续享用耕地带来的生态外部效益，使其不受到任何破坏并维持在令您满意的水平之上，在您家庭目前的劳力状况下，您的家庭一年每亩地最多愿意义务劳动多少天来保护它们?（从以下A~O选项中选择，注：若您选择">14天"，请直接填写愿意劳动的天数）

选项	A	B	C	D	E	F	G	H
	1	2	3	4	5	6	7	8
	I	J	K	L	M	N	O	天/年
	9	10	11	12	13	14	>14	
	您认为您一天劳动的工钱约值（　　）							元

四、耕地资源利用过程负生态效益认知

1.您认为耕地资源利用中会对社会经济发展和生态环境带来不利影响吗？

A.会　　　　B.不会　　　如果会有哪些主要影响？请在相应选项前的□里打"√"

影响来源	表现形式
□滥施化肥	A 造成饮用水源污染　B 降低下游渔业产量 C 农产品品质下降　D 污染环境，造成土壤板结
□滥施农药	A 杀死田间益虫、益鸟，生物多样性降低　B 农产品品质下降 C 增加水体净化成本　D 人体健康损害　E 气味污染
□地膜残留	A 残留地膜造成土壤板结　B 水循环受阻
□水土流失	A 降低土壤肥力　B 增加河、渠等清淤费用　C 降低通航能力
□其他	请填写具体内容：

2.耕地利用过程中化肥农药的使用对您的家庭生活带来负面影响严重吗？

a.很严重　　　　b.有些严重　　　　c.不太严重　　　　d.没有影响　　　　e.不清楚

3.近几年来，您家种植相同作物、为获得同样产量而耗费的亩均农药施用量

a.逐年递增　　　　　　b.逐年递减　　　　　　　c.没什么变化

原因是：

4.近几年来，您家种植相同作物、为获得同样产量而耗费的亩均化肥施用量

a.逐年递增　　　　　　b.逐年递减　　　　　　　c.没什么变化

原因是：

5.您家在耕种作物的过程中，是否使用了地膜/农膜？

A.使用了.(1)农膜的回收率(　　　)％，地膜的回收率为(　　　)％。

如果依靠人工捡取残留地膜/农膜后销售的话可以获得(　　　)收益。

(2)请问您家所使用的是哪种类型的地膜/农膜？

a.可降解型　　　b.不可降解型；那么，为何您不选用可降解型地膜/农膜？

(a)价格太高　　　(b)不了解可降解型地膜/农膜的优点

(c)本地市场没有销售或推广　　　(d)其他　(请填写)

c.不清楚是可降解的还是不可降解的

B.未使用

6.地膜/农膜的回收不彻底，部分残留地膜被随意弃于田地、水渠、林带中，四处飘散，从而影响生态环境美观，造成"视觉污染"或者很难降解污染土壤。

您认为上面提到的残留地膜破坏环境美观的现象严重吗？

A.很严重　　　　B.严重　　　　C.有些严重　　　　D.不严重

五、耕地资源负效益的最高支付意愿（WTP）

化肥农药的大量施用，在大幅度提高农产品产量的同时，不可避免地对农产品造成污染，目前人类疾病的大幅度增加，尤以各类癌症的大幅度上升，无不与化肥农药的污

染密切相关。而且目前化肥农药的利用率很低，大部分进入空气，渗入土壤中和水体中，造成严重的环境污染。假设政府为保护生态环境，减少耕地利用过程中资源环境问题，提出减少传统农药化肥的施用量，为保持产量不变，必须采取新型农业生产技术，利用绿肥、家畜粪尿生物防治等方法，保持土壤的肥力和易耕性。新型农业生产模式建立需要大量资金的支持，生态补偿基金计划就是在大家共同参与下保护耕地资源，减少环境污染。

1. 在您的家庭目前经济收支状况下，愿意为生态补偿基金计划出钱或参加义务劳吗？

A. 愿意　　　　　　　　　　B. 不愿意

(1) 如果选"不愿意"的，请问您的原因是什么（单选）？然后请直接回答第 4 个问题。

a. 现状很好，不需要花钱治理

b. 虽然对自己有益，经济收入太低，支付能力有限

c. 是政府的事情，与我无关

d. 农民种地有权利污染，不需要付任何费用

(2) 如果选"愿意"的，请您继续回答，并确定愿意以下面哪种形式参加耕地保护？

a. 出钱　　　　　　　　b. 参加义务劳动

（如果选择"出钱"的，请直接回答下面第 2 个问题；选择"参加义务劳动"的，请直接回答下面第 3 个问题。）

2. 选择"出钱"方式的请回答（＊ 答完此题请接着回答第 4 个问题）：

为保护耕地资源，提高生活环境质量，较少使用农药化肥，使耕地生态效益维持在令您满意的水平之上，在您家庭目前的经济收支状况下，保护水田、旱地、菜地，您的家庭一年每亩地最多愿意支付多少元钱弥补农药化肥造成的环境污染或者贡献自己力量来保障政府生态补偿基金计划的实施？（如果选择 800 元以上的，请直接填写数值。单位：元）

地类	水田	旱地	菜地
愿意支付补偿额			

选项	A	B	C	D	E	F	G	H	I
	50~60	61~70	71~80	81~100	101~120	121~150	151~180	181~210	211~250
	J	K	L	M	N	O	P	Q	R
	251~300	301~350	351~400	401~450	451~500	501~600	601~700	701~800	>800

3. 选择"出义务劳动"的请回答

为继续享用耕地带来的生态外部效益，并维持在令您满意的水平之上，在您家庭目前的劳力状况下，您的家庭一年每亩地最多愿意义务劳动多少天来保护它们？（从以下 A ~O 选项中选择，注：若您选择">14 天"，请直接填写愿意劳动的天数。）

地类	水田		旱地		菜地	
愿意支付补偿额						

选项	A	B	C	D	E	F	G	H
	1	2	3	4	5	6	7	8
	I	J	K	L	M	N	O	
	9	10	11	12	13	14	>14	天/年
您认为您一天劳动的工钱约值（　　　）								元

六、耕地保护方案优选

近年来，随着经济建设的快速发展，非农用地（如道路、住宅用地、工业用地等）逐步向外扩张，耕地面积不断减少，耕地保护的形势不容乐观。武汉地区 1996 年——2008 年耕地面积减少了 64706.95 公顷，减少了 16%，如果按照此下降趋势，估计 2020 年耕地面积减少到 287592.6 公顷，而 2008 年武汉人口 833.24 万人，而随着城市化进程加快，人口将进一步增加，因此，保证人口不断增长和人民生活水平不断提高下的粮食安全和生态安全显得尤为重要。为确保耕地资源面积不减少、质量不降低，生态环境得到改善，政府出台一系列方案，希望借此了解广大民众的关注热点与倾向，为制度制定奠定基础。方案 A 为现状，没有实施任何保护制度到 2020 年时四个属性状态，方案 B 为制度实施后到 2020 年四个属性的状态，从下面 7 个选择集中，选择出您认为每个选择集中最优的方案？

选择集 1

方案属性	方案 A（现状）	方案 B（2020）
耕地面积	减少（征收 15%）	减少（征收 15%）
耕地肥力	下降	下降
周边景观与生态环境	恶化	改善
每人每年支付耕地保护费用（元）	0	50
我选择 A（　　）	我选择 B（　　）	我都不选（　　）

如果都不选，原因是什么（　　　　　　　　　　）

选择集 2

方案属性	方案 A（现状）	方案 B（2020）
耕地面积	减少（征收 15%）	保持不变
耕地肥力	下降	改善
周边景观与生态环境	恶化	恶化
每人每年支付耕地保护费用（元）	0	50
我选择 A（　　）	我选择 B（　　）	我都不选（　　）

如果都不选，原因是什么（　　　　　　　　　　）

选择集 3

方案属性	方案 A(现状)	方案 B
耕地面积	减少(征收 15%)	减少(征收 15%)
耕地肥力	下降	改善
周边景观与生态环境	恶化	改善
每人每年支付耕地保护费用(元)	0	100
我选择 A( )　　　　我选择 B( )　　　　我都不选( )		

　　如果都不选,原因是什么( )

选择集 4

方案属性	方案 A(现状)	方案 B
耕地面积	减少(征收 15%)	保持不变
耕地肥力	下降	下降
周边景观与生态环境	恶化	恶化
每人每年支付耕地保护费用(元)	0	100
我选择 A( )　　　　我选择 B( )　　　　我都不选( )		

　　如果都不选,原因是什么( )

选择集 5

方案属性	方案 A(现状)	方案 B
耕地面积	减少(征收 15%)	减少(征收 15%)
耕地肥力	下降	改善
周边景观与生态环境	恶化	恶化
每人每年支付耕地保护费用(元)	0	200
我选择 A( )　　　　我选择 B( )　　　　我都不选( )		

　　如果都不选,原因是什么( )

选择集 6

方案属性	方案 A(现状)	方案 B
耕地面积	减少(征收 15%)	保持不变
耕地肥力	下降	下降
周边景观与生态环境	恶化	改善
每人每年支付耕地保护费用(元)	0	200
我选择 A( )　　　　我选择 B( )　　　　我都不选( )		

　　如果都不选,原因是什么( )

选择集 7

方案属性	方案 A（现状）	方案 B
耕地面积	减少（征收 15%）	保持不变
耕地肥力	下降	改善
周边景观与生态环境	恶化	改善
每人每年支付耕地保护费用(元)	0	200
我选择 A(　　　)	我选择 B(　　　)　　　　　我都不选(　　　)	

如果都不选，原因是什么(　　　　　　　　　　)

1. 当您做出选择时，您考虑主要因素是什么？

A. 支付费用　　　　B. 生态环境　　　　C. 耕地面积　　　　D. 耕地肥力

2. 当您做出选择时，下列哪些是您做出选择的原因？

A. 虽然我关注生态环境，但经济能力有限不能承担起支付费用

B. 我认为公众不应承担耕地保护的费用，应有政府承担

C. 我选择支付费用最小的选项

D. 只要支付不是太高，我期望耕地面积提高、耕地肥力所有上升，生态环境得到改善

E. 我主要考虑生活环境的改善

F. 我主要考虑耕地面积不要减少

G. 我主要考虑耕地肥力提高

七、受访者的个人及家庭情况

以下需要了解一些您个人及家庭的部分情况，以便我们做进一步综合分析。您所回答的一切资料都仅供学术研究，绝不对外公开。

1. 您的性别：A. 男性　　　　　　　　B. 女性

2. 您的年龄(　　　)

3. 您的受教育程度：

A. 未受教育　　　　B. 小学　　　　C. 初中　　　　D. 高中(中专)　　　　E. 大专

4. 您是村干部么？

A. 是　　　　　　　　B. 否

5. 您的家庭共有_____人，其中出去打工_____人，家庭主要种地劳动力_____人，需抚养人口_____人

6. ①请问目前您的家庭年平均总收入约为(单位：元)：

A. 3000 以下　　　　B. 3001~4000　　　　C. 4001~5000　　　　D. 5001~6000

E. 6001~7000　　　　F. 7001~8000　　　　G. 8001~9000　　　　H. 9001~10000

I. 10001~12000　　　J. 12001~15000　　　K. 15001~20000　　　L. 20001~25000

M. 25001~30000　　　N. 30001~50000　　　O. 50000 以上

②农业收入占您家庭年总收入的比例大约为：

A. >90%   B. 80%~90%   C. 70%~80%   D. 60%~70%

E. 50%~60%   F. 40%~50%   G. 30%~40%   H. 20%~30%

I. 10%~20%   J. <10%

7. 是否参加过环境保护活动（   ），是否支持环境保护活动（   ）

索　引